城镇水务系统碳核算
与减排路径技术指南

Guidelines for Carbon Accounting and Emission
Reduction in the Urban Water Sector

中国城镇供水排水协会　组织编写

中国建筑工业出版社

图书在版编目（CIP）数据

城镇水务系统碳核算与减排路径技术指南 ＝
Guidelines for Carbon Accounting and Emission
Reduction in the Urban Water Sector / 中国城镇供水
排水协会组织编写. — 北京：中国建筑工业出版社，
2022.8

ISBN 978-7-112-27765-0

Ⅰ. ①城… Ⅱ. ①中… Ⅲ. ①城市供水系统－二氧化
碳－节能减排－中国－指南 Ⅳ. ①TU991.92-62
②X511-62

中国版本图书馆 CIP 数据核字（2022）第 148874 号

为深入贯彻落实党中央、国务院关于碳达峰碳中和决策部署，中国城镇供水排水协会组织编写了《城镇水务系统碳核算与减排路径技术指南》。本书由总则、城镇水务系统及其碳排放、碳排放核算原则与程序、规划建设、运行维护、资产重置与拆除、城镇水务系统碳减排路径、数据获取与管理、结果分析与报告、附录共计 10 个篇章组成；并附有数字资源（含给水处理、污水处理等各种速查表、计算表）。

本书可供主管城镇水务工作的各级政府部门和相关规划、设计、科研人员与管理者开展和实施碳核算、碳减排工作使用。

To further implement the major strategic decisions issued by the Central Committee of the Communist Party of China and the State Council on carbon peaking and neutralization, the China Urban Water Association has organized the compilation of the *Guidelines for Carbon Accounting and Emission Reduction in the Urban Water Sector* (hereinafter referred to as the *Guidelines*). This book consists of 10 chapters, which include general principles, urban water sectors and carbon emissions, carbon accounting principles and methodologies, planning and construction, operation and maintenance, asset replacement and demolition, carbon emission reduction pathways of urban water sectors, data acquisition and management, interpretation of result and reporting, and the appendices. Besides, some digital resources, including various reference tables and calculation tables for carbon accounting of water and wastewater sectors, are attached.

The *Guidelines* can be referred to by water authorities, and planning and design engineers, as well as researchers and managers in charge of urban water sectors, to carry out and implement carbon accounting and carbon emission reduction.

责任编辑：王美玲　吕　娜
文字编辑：勾淑婷
责任校对：张　颖

城镇水务系统碳核算与减排路径技术指南
Guidelines for Carbon Accounting and Emission Reduction
in the Urban Water Sector
中国城镇供水排水协会　组织编写

*

中国建筑工业出版社出版、发行(北京海淀三里河路 9 号)
各地新华书店、建筑书店经销
北京红光制版公司制版
北京市密东印刷有限公司印刷

*

开本：787 毫米×1092 毫米　1/16　印张：14¼　字数：259 千字
2022 年 9 月第一版　2022 年 9 月第一次印刷
定价：**98.00** 元（含数字资源）
ISBN 978-7-112-27765-0
（39826）

编 制 单 位

组　织：中国城镇供水排水协会

主　编：北京建筑大学

参　编：北京首创生态环保集团股份有限公司

　　　　北京城市排水集团有限责任公司

　　　　中建环能科技股份有限公司

　　　　中国市政工程中南设计研究总院有限公司

　　　　哈尔滨工业大学

编 制 组

郝晓地　刘然彬　李俊奇　李惠民　李　爽　张建新

佟庆远　张　俊　于文波　王秀蘅　张世和　李伏京

白　宇　张鹤清　曹达啟　贺珊珊　王征戍　刘　垚

于金旗　蔡　然　姚大伟　吴远远

审 定 专 家

曲久辉 中国工程院院士、中国水协科技发展战略咨询委员会主任委员、中国科学院生态环境研究中心教授

任南琪 中国工程院院士、中国水协科技发展战略咨询委员会副主任委员、哈尔滨工业大学教授

侯立安 中国工程院院士、中国水协科技发展战略咨询委员会委员、火箭军工程大学教授

彭永臻 中国工程院院士、中国水协科技发展战略咨询委员会委员、北京工业大学教授

马　军 中国工程院院士、中国水协科技发展战略咨询委员会委员、哈尔滨工业大学教授

徐祖信 中国工程院院士、中国水协科技发展战略咨询委员会委员、同济大学教授

周宏春 国务院发展研究中心研究员

李　艺 全国工程勘察设计大师、中国水协科技发展战略咨询委员会副主任委员、北京市市政工程设计研究总院有限公司教授级高级工程师

李树苑 全国工程勘察设计大师、中国水协科技发展战略咨询委员会委员、中国市政工程中南设计研究总院有限公司教授级高级工程师

黄晓家 全国工程勘察设计大师、中国水协科技发展战略咨询委员会委员、中国中元国际工程有限公司教授级高级工程师

张金松 中国水协科技发展战略咨询委员会副主任委员、深圳市水务（集团）有限公司教授级高级工程师

关于发布《城镇水务系统碳核算
与减排路径技术指南》的通知

中水协〔2022〕20 号

各副会长、常务理事、理事、会员、分支机构，各省（自治区、直辖市）级地方水协及有关单位：

为深入贯彻党中央、国务院关于碳达峰碳中和决策部署，落实《住房和城乡建设部　国家发展改革委关于印发城乡建设领域碳达峰实施方案的通知》（建标〔2022〕53 号），推动我国城镇水务行业向绿色低碳升级转型发展，中国城镇供水排水协会组织编制了《城镇水务系统碳核算与减排路径技术指南》，经中国城镇供水排水协会科技发展战略咨询委员会审定（见附件 1），现予发布（见附件 2）。在实施过程中有何问题和建议，请及时反馈中国城镇供水排水协会秘书处。

联系人：刘　亮　15911125196

附件：1.《城镇水务系统碳核算与减排路径技术指南》专家评审意见
　　　2. 城镇水务系统碳核算与减排路径技术指南（略）

2022 年 7 月 13 日

抄报：住房和城乡建设部标准定额司、城市建设司、村镇建设司。

附件 1

《城镇水务系统碳核算与减排路径技术指南》
专家评审意见

2022 年 6 月 23 日，中国城镇供水排水协会（以下简称中国水协）在北京通过线上、线下结合的方式组织召开了《城镇水务系统碳核算与减排路径技术指南》（以下简称《指南》）专家评审会。由中国水协科技发展战略咨询委员会组成的专家组（名单附后）审阅了技术资料，听取了《指南》编制组的汇报，经质询与讨论，形成如下意见：

1. 《指南》全面分析了我国城镇水务系统全生命周期的碳排放活动，提出了相应的碳排放核算方法。《指南》所提供核算标准与方法系统、全面，符合行业发展需求；

2. 《指南》系统分析和总结了我国不同水务系统碳排放特征，提出了实现碳减排、碳中和的切入点、技术路径和实施建议，内容客观、翔实，具有可操作性；

3. 《指南》填补了我国城镇水务领域的空白，达到国际先进水平。《指南》发布实施对推动和引导我国城镇水务行业实现碳中和具有重要作用和意义。

建议根据专家意见完善后，尽快出台发布。

组长：

2022 年 6 月 23 日

序

2020 年 9 月，习近平主席在第 75 届联合国大会一般性辩论上郑重宣布了我国"双碳"目标发展战略，即力争于 2030 年前实现碳达峰、2060 年前实现碳中和。这是中国基于推动构建人类命运共同体的责任担当和可持续发展的内在要求做出的重大战略决策。党中央、国务院于 2021 年 10 月 24 日发布《中共中央 国务院关于完整准确全面贯彻新发展理念做好碳达峰碳中和工作的意见》，随后，《2030 年前碳达峰行动方案》（国发〔2021〕23 号）、《减污降碳协同增效实施方案》（环综合〔2022〕42 号）相继出台，以构建"1＋N"政策体系，从顶层设计角度，将全社会碳达峰、碳中和任务逐一分解、先立后破，为各行各业发展转型和碳减排行动确立了目标和方向。

城镇水务系统作为保障城镇居民正常生活、社会经济良性发展的重要基础设施，是城镇可持续发展的重要内容。改革开放以来，我国城镇水务事业不断发展壮大，城镇供水、排水设施建设和服务能力逐年提升，再生水生产能力和利用量再创新高。为应对气候变化带来的极端降雨天气，我国也正在积极推行海绵城市建设、完善城镇内涝防治设施的规划建设。然而，我国城镇水务系统也面临着巨大的挑战，城镇供水和排水行业一直是"能耗大户"。据初步统计测算，仅城镇供水的电耗就约占全国用电总量的 1.5％；城镇污水处理系统效能低下，污水处理厂出水水质达标是以能耗、药耗为代价而取得的，这些都会带来大量温室气体的排放。随着我国城镇化发展，城镇供水量和排水量必将逐年升高，加之日益严格的城镇水生态环境要求，可以预见，若不积极采取有效措施，城镇水务行业的能耗和碳排放量势必将持续走高。在"双碳"目标背景下，城镇水务行业面临着技术创新和产业升级换代的巨大压力和挑战，压力亦为动力、挑战亦为契机。我们应该在保障城镇水生态、环境、资源、安全的多元目标驱动下，减污降碳、协同增效、低碳绿色，向更可持续的方向发展。

近日，生态环境部等 7 部门印发的《减污降碳协同增效实施方案》（环综合〔2022〕42 号）已明确提出"开展城镇污水处理和资源化利用碳排放测算，优化污水处理设施能耗和碳排放管理"，表明前期我国碳核算核查和减排的重点在高碳排生产领域，但现已逐步扩大到生活与服务领域等全方位，城镇已成为国家减污降碳、协同增效的主战场。因此，城镇水务行业也不可能独善其身，早觉醒、早布局、早行动，主动作为、积极应对方为上策。碳核算与核查是行业进行低碳发展的第一步，高碳负利、低碳谋利、负碳盈利。

城镇水务系统碳排放活动较多且复杂，对其核算边界意见不一，特别是温室气体排放位点识别不清，因此产生漏算、多算、错算等现象，不利于城镇水务行业形成碳排放量认知和共识，以及找准碳减排着力点。基于此，中国城镇供水排水协会组织编写了《城镇水务系统碳核算与减排路径技术指南》（以下简称《指南》），着眼于"双碳"目标下厘清城镇水务系统碳核算边界、方法，并分析梳理了碳减排路径与策略。相信《指南》的发布，必将推动城镇水务行业"双碳"行动，肩负行业应有的责任和义务，为国家绿色低碳发展做出应有的贡献。

二〇二二年七月 于北京

Foreword

In September 2020, at the 75th session of the United Nations General Assembly, President Xi Jinping solemnly pledged that China will strive to peak carbon dioxide emissions before 2030 and achieve carbon neutrality before 2060, i. e. dual carbon goals. This major strategic decision was made based on our sense of responsibility in building a community with a shared future for mankind and our own need to secure sustainable development. The Central Committee of the Communist Party of China and the State Council released a document titled *"Working Guidance for Carbon Dioxide Peaking and Carbon Neutrality in Full and Faithful Implementation of the New Development Philosophy"*. Together with the *"Action Plan for Carbon Dioxide Peaking Before 2030"* and *"Implementation Plan for Synergizing the Reduction of Pollution and Carbon Emission"*, China formulated a "1+N" policy framework to guide these dual carbon goals. From the perspective of top-level design, the dual carbon goals have been broken down one by one, and directions have been established for the development and transformation of all industries and carbon emission reduction actions.

As an important part of urban infrastructure, ensuring the normal life of residents and the healthy development of the economy, urban water sectors are a key factor in the sustainable development of Chinese cities. Since the implementation of reform and opening up, China's urban water supply has continued to grow and develop, with the construction and service capabilities of water supply and drainage facilities having improved year by year, and the production capacity and utilization of reclaimed water reaching a record high. In response to the extreme rainfall brought about by climate change, China is also actively promoting "sponge cities" and improving the planning and construction of urban waterlogging prevention and control facilities. However, China's urban water sectors are also facing the huge challenges of being labeled as large energy consumers. According to preliminary statistics and estimates, the power consumption of the urban water supply system alone accounts for about 1. 5% of the whole state's power consumption. Moreover, due to low efficiency of the urban sewage treatment system, effluent quality is only able to meet the discharging standard at the cost of the consumption of energy & chemicals. Consequently, the above activities would greatly increase greenhouse gas emissions. With the continuous urbanization of China leading to urban water supply and drainage capacities increasing year by year, coupled with increasing stress on the ecological environment, it is foreseeable that the energy consumption and carbon emissions of the urban water sector will inevitably increase unless effective steps are taken swiftly. Under the pressure of dual carbon goals, the urban water sectors are facing enormous challenges in terms of technological innovation and upgrading. However, these challenges may also provide opportunities. Driven by the multiple goals of improving the ecology of the urban water sector, environment, resources and safety, the urban water sector must reduce pollution and carbon emissions, leverage their synergy to achieve low-carbon and green and set itself on a more sustainable course.

Recently, seven ministries of the PRC, including the Ministry of Ecological Environment, jointly issued the "*Implementation Plan for Synergizing the Reduction of Pollution and Carbon Emission*". In it, they proposed to "carry out carbon emission measurement for urban sewage treatment and resource utilization, and optimize the energy consumption and carbon emission management of sewage treatment facilities". This shows that China's reduction in carbon accounting and emission has gradually evolved from heavy industries with high carbon emissions to routine life and service businesses. Cities and towns have been included in the struggle to reduce pollution and carbon emissions. Therefore, the urban water sector cannot be excluded; indeed, it is imperative that China takes swift action to reduce carbon emissions and achieve low-carbon development. Carbon accounting is the first step for the industry to carry out low-carbon development and clarify the entanglement between carbon emission and profits, i. e. , high-carbon coupled with a deficit, low-carbon reversing deficit, and carbon negative leading to profits.

There is a wide range of complex carbon emission activities in the urban water sector, and there is no general agreement on a standard definition of their accounting boundaries. In particular, the unclear identification of greenhouse gas emission activities leads to omission, overcalculation, and miscalculation, which is not conducive to the recognition and consensus on carbon emission in the urban water sectors, as well as to identifying the key points to reduce carbon emission. Based on this, the China Urban Water Association organized the compilation of the *Guidelines for Carbon Accounting and Emission Reduction in the Urban Water Sector* (hereinafter referred to as the *Guidelines*). This *Guidelines* focuses on clarifying the boundaries and methods of carbon accounting of urban water sectors under the dual carbon goal and analyzes and sorts out the carbon emission paths and strategies. It is believed that the release of the *Guidelines* will definitely promote the practice of the dual carbon goals action in the urban water sectors, help to meet the responsibilities and obligations of the industry and make contributions to the development of China as a green and low-carbon system.

Linwei ZHANG

President of China Urban Water Association

前　言

我国力争 2030 年前实现碳达峰，2060 年前实现碳中和，是党中央经过深思熟虑做出的重大战略决策，事关中华民族永续发展和构建人类命运共同体，彰显了我国积极应对气候变化、走生态优先、绿色低碳的高质量发展道路的坚定决心。党中央、国务院于 2021 年 10 月 24 日发布《中共中央　国务院关于完整准确全面贯彻新发展理念做好碳达峰碳中和工作的意见》，国务院发布《2030 年前碳达峰行动方案》（国发〔2021〕23 号），为我国实现经济社会发展全面绿色转型、实现双碳目标指明了方向、擘画了宏伟蓝图。为保障"双碳"目标顺利实现，国家把"建立统一规范的碳排放统计核算体系"作为一项重要任务。《2030 年前碳达峰行动方案》（国发〔2021〕23 号）明确要求："加强碳排放统计核算能力建设，深化核算方法研究，加快建立统一规范的碳排放统计核算体系。支持行业、企业依据自身特点开展碳排放核算方法学研究，建立健全碳排放计量体系"。

城镇水务系统是城镇居民生活的基本支撑，是维持城镇运行的生命线，与国民经济的诸多领域存在交叉，碳排放活动复杂。近年来，围绕城镇水务系统开展了大量研究，为城镇水务系统低碳发展提供了重要支撑。为贯彻落实《中共中央　国务院关于完整准确全面贯彻新发展理念做好碳达峰碳中和工作的意见》《2030 年前碳达峰行动方案》（国发〔2021〕23 号），发挥行业协会的引领作用，加快建立统一规范的碳排放统计核算体系，中国城镇供水排水协会及时部署组织编制《城镇水务系统碳核算与减排路径技术指南》（以下简称《指南》），指导行业有序开展碳减排工作。

《指南》由总则、城镇水务系统及其碳排放、碳排放核算原则与程序、规划建设、运行维护、资产重置与拆除、城镇水务系统碳减排路径、数据获取与管理、结果分析与报告、附录 10 个篇章组成。《指南》将城镇水务系统分为给水系统、污水系统、再生水系统和雨水系统 4 个子系统，对全生命周期不同阶段的碳排放核算方法进行了规范，明确了不同子系统的碳排放活动位点，统一了碳排放核算边界，给出了透明的碳排放因子，提出了统一的碳排放核算与报告模板。为了指导城镇水务行业碳减排，《指南》从源头控制、过程优化、工艺升级、低碳能源和植物增汇 5 个方面，提出了城镇水务系统碳减排的方向、路径和策略。《指南》突出以下特色：

——**科学性**：碳排放核算原则、核算框架、核算方法遵循《温室气体核算体系》

（Greenhouse Gas Protocol）、《温室气体——第一部分：企业层面上温室气体排放和去除量化报告指南》（Greenhouse gases—Part1：Specification with guidance at the organization level for quantification and reporting of greenhouse gas emissions and removals，ISO 14064—1：2018），体现科学共识；

——**一致性**：碳排放因子来自政府部门公开数据和科学文献，尽可能将其更新为中国区域特征数据，体现核算过程的透明性和核算结果的精准性；

——**模块化**：将城镇水务系统划分为给水系统、污水系统、再生水系统和雨水系统4个子系统，将生命周期划分为规划建设、运行维护、资产重置与拆除3个阶段，共12个核算模块，可灵活应用于不同目的的碳排放核算；

——**全面性**：涵盖了城镇水务系统全生命周期内的全部碳排放活动，提出了不同子系统的碳减排路径，既可用于不同运营主体开展碳排放核算，也可用于碳减排路径分析；

——**层次性**：针对规划、运营等不同阶段，依据数据可获得性，提供了不同层次的核算方法与排放因子，可根据核算目的灵活选用；

——**指导性**：规范了碳排放核算过程，提出了各个子系统的减排技术策略，统一了碳排放核算报告，体现行业协会对行业发展的指导性。

《指南》由北京建筑大学牵头主编，会同北京首创生态环保集团股份有限公司、北京城市排水集团有限责任公司、中建环能科技股份有限公司、中国市政工程中南设计研究总院有限公司、哈尔滨工业大学等单位参编。《指南》编制过程中，中国城镇供水排水协会多次召开专家咨询会，广泛征求各方意见，在此基础上形成了首部城镇水务系统碳核算与减排路径技术指引。书中难免有瑕疵和疏漏之处，敬请社会各界批评指正，编写组将适时更新完善。

《指南》编制组

2022 年 7 月

Preface

China's striving to achieve carbon peaking by 2030 and carbon neutrality by 2060 are critical strategic decisions made by the Communist Party of China Central Committee. They are related to the sustainable development of China as well as to the building of a Community of Shared Future for mankind. They also demonstrate China's firm determination to actively respond to climate change and take the high-quality development path of prioritizing the ecology, green transformation, and low carbon emissions. The Communist Party of China Central Committee and the State Council issued *"Working Guidance for Carbon Dioxide Peaking and Carbon Neutrality in Full and Faithful Implementation of the New Development Philosophy"*, Later, *"Action Plan for Carbon Dioxide Peaking Before 2030"*, and *"Implementation Plan for Synergizing the Reduction of Pollution and Carbon Emission"* successively issued. These documents will help China achieve a comprehensive green transformation of economic and social development along with dual carbon goals by indicating the direction to take and providing a blueprint for successful development. To ensure the realization of the dual carbon goals, "establishing a unified and standardized carbon emission accounting system" has been listed as an important task. The *"Action Plan for Carbon Dioxide Peaking Before 2030"* clearly highlights that "strengthening the capacity-building of carbon emission statistical accounting, deepening the research on accounting methods, accelerating the establishment of a unified and standardized carbon emission statistical accounting system, supporting industries and enterprises to carry out carbon emission and algorithm methodology research according to their characteristics, and establishing the carbon emission measurement system".

The urban water sector is the basic foundation of daily life for urban residents and the lifeline to maintain urban running. It also intersects with many other areas of the national economy, which makes carbon emission activities complex. In recent years, a great deal research has been carried out on the carbon emission of urban water sectors, providing important support for the development of low-carbon practices. To align with the *"Working Guidance for Carbon Dioxide Peaking and Carbon Neutrality in Full and Faithful Implementation of the New Development Philosophy"*, *"Action Plan for Carbon Dioxide Peaking Before 2030"*, take a leading role in industry associations, and accelerate the establishment of a unified and standardized carbon emission accounting system, China Urban Water Association organized the preparation of the *Guidelines for Carbon Accounting and Emission Reduction in the Urban Water Sector* (hereinafter referred to as the *Guidelines*) timely to guide the sectors in carrying out carbon emission reduction orderly.

The *Guidelines* consists of 10 chapters, including general principles, urban water sectors and carbon emissions, carbon accounting principles and methodologies, planning and construction, operation and maintenance, asset replacement and demolition, carbon emission reduction pathways of urban water sectors, data acquisition and management, interpretation of result and reporting, and appendices. The *Guidelines* regulates the carbon emission accounting methods in a whole life cycle by dividing the urban water sectors into four subsectors, i. e. , water supply sector, sewage sector, reclaimed water sector, and rainwater management sector. The *Guidelines* begins by clarifying the carbon emission activities of each subsector, then unifies the carbon emission accounting boundary and gives transparent carbon emission factors, and finally unifies the carbon emission accounting and reporting template. To guide the carbon emission reduction in the urban water sector, the *Guidelines* proposes strategies for carbon emission reduction in urban water systems in the following five areas: source control, process optimization, technology upgrade, renewable energy, and plant carbon sink. Overall, the guideline highlights the following features.

Scientificity. The accounting principles, accounting framework, and accounting methods follow the established greenhouse gas accounting system, i. e. , *"Greenhouse Gas Protocol"* and *"Greenhouse gases—Part 1: Specification with guidance at the organization level for quantification and reporting of greenhouse gas emissions and removals* (ISO 14064—1: 2018)", reflecting the scientific consensus.

Consistency. Carbon emission factors come from governmental open-access data and/or scientific literature, particularly local documents, and reflect the transparency of the accounting process and the accuracy of the accounting results;

Modularization. The *Guidelines* provides the accounting methods in terms of four subsectors—the water supply sector, the sewage sector, the reclaimed water sector, and the rainwater management sector-as well as three life cycle stages (planning and construction, operation and maintenance, and asset replacement and demolition) with a total of 12 modules. These can be flexibly applied to carbon emission accounting for different purposes.

Comprehensiveness. The *Guidelines* covers all carbon emission activities throughout the life cycle of the urban water sectors. It also provides carbon emission reduction pathways of different subsectors, which can be used for carbon emission accounting by different operating entities and carbon emission reduction pathway analysis.

Hierarchy. The *Guidelines* provides various accounting methods and emission factors based on the availability of data, which can be flexibly selected according to the accounting purpose;

Guidance. The *Guidelines* standardizes the carbon emission accounting process, proposes the emission reduction technology & strategy of each subsector, unifies the carbon emission accounting report, and reflects the guidance role of the industry association on the development of the water sector.

The compilation of the *Guidelines* was led by the Beijing University of Civil Engineering and Architecture, together with Beijing Capital Eco-Environmental Protection Group Co., Ltd., Beijing Urban Drainage Group Co., Ltd., CSCEC SCIMEE Sci. & Tech. Co., Ltd., Central & Southern China Municipal Engineering Design and Research Institute Co., Ltd., and Harbin Institute of Technology. In the preparation of the *Guidelines*, the China Urban Water Association held several expert consultation meetings to solicit opinions from various parties. On this basis, the first technical guideline for carbon accounting and emission reduction pathway of the urban water sector were outlined. In the event of any flaws in the *Guidelines* being discovered, please do not hesitate to contact us, so that the compilation group may update and improve the guideline document.

Guidelines' compilation group

July 2022

目　录

Contents

第1章 总 则

1.1 编 制 目 的

本指南旨在厘清城镇水务系统碳排放核算边界、排放活动以及排放类型；统一认识、规范活动数据获取与核算方法选用；指导科学核算城镇水务系统全生命周期碳排放总量和强度，规范碳排放台账记录和结果报告分析；分析梳理城镇水务系统在全生命周期实施碳减排优化之切入点及潜力；积极主动规划并实践城镇水务系统碳减排；推动碳排放核算和减排理念在城镇水务系统可持续发展中的导向性作用；强化顶层设计，及早布局，持续向碳中和、甚至负碳方向推进。

1.2 适 用 范 围

本指南适用于中国城镇水务系统碳排放量核算和报告，以及碳减排方案编制、减碳/降碳行动实施，具体包括：

（1）指导水务行业认识和厘清城镇水务系统碳排放边界、活动和类型，作为基础和框架性资料供国家制定行业碳排放管理政策及顶层设计文件参考；

（2）指导城镇水务系统碳排放总量核算、摸底量化，以及全生命周期（规划建设、运行维护、资产重置与拆除）与不同活动单元碳排放量核算及拓展应用；

（3）指导城镇水务系统碳排放量结果分析，并据此开展碳减排行动顶层设计、方案制订、策略实施、评价反馈和部门间协作。

第2章 城镇水务系统及其碳排放

2.1 城镇水务系统

本指南以城镇水务系统为核算对象，主要包含城镇公用事业属性的市政给水、污水、再生水和雨水4个系统，其管理边界如图2-1所示。

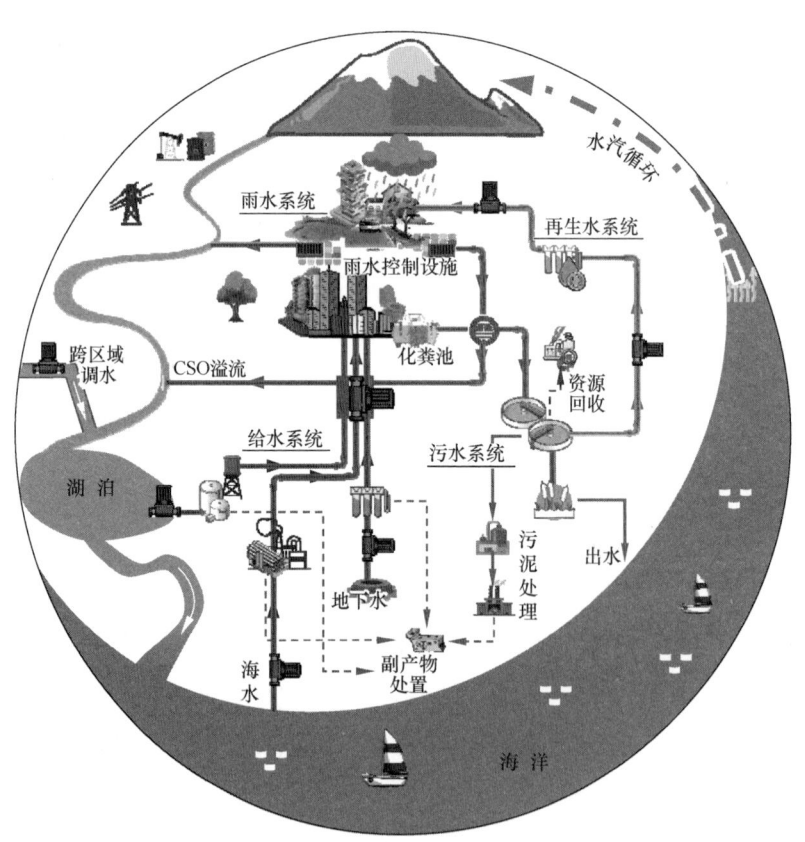

图2-1 城镇水务系统管理边界示意图（彩图请扫书后二维码）

（1）给水系统：包含取水设施、给水处理厂、海水淡化厂、输配水管网和长距离输水5个模块。

（2）污水系统：包含污水管渠设施（小区化粪池作为起点也包括在内）、污水处理厂和污泥处理处置 3 个模块。

（3）再生水系统：包含再生水厂和输配水管网 2 个模块。

（4）雨水系统：包含雨水管渠设施和以源头减量、过程控制与末端控制为主的雨水控制设施 2 个模块。

2.2　城镇水务系统碳排放

2.2.1　温室气体及其全球变暖潜能值

本指南所考虑的温室气体类型包括城镇水务系统全生命周期内因规划建设、运行维护及资产重置与拆除 3 个阶段产生的二氧化碳（CO_2）、甲烷（CH_4）与一氧化二氮（N_2O）。国际 ISO 14064—1：2018 标准规定，温室气体排放核算宜采用 100 年时间跨度的全球变暖潜能值（Global Warming Potential，GWP）作为对照标准（表 2-1）。

第 5 版 IPCC 评价报告全球变暖潜能值（GWP）　　　　　　表 2-1

温室气体	GWP 100
CH_4	28
N_2O	265

2.2.2　碳排放活动及核算边界

保证碳排放核算结果的准确性和代表性，关键在于确定系统的核算边界。同时，也便于结果分析和纵、横向比较。核算边界包含多个维度，其中，时间范围与系统和自然的交互边界是最基本的两个维度，也是本指南构建城镇水务系统碳排放核算方法的两个基本边界范畴。

在时间范围上，城镇水务系统的相关设施及构筑物，从其建造、功能发挥直至重置、拆除的全部过程中，始终伴随碳排放活动，都会影响碳排放核算结果。从城镇水务系统碳减排角度看，每个时间阶段均具有碳减排潜势。因此，城镇水务系统进行碳排放核算和碳减排需考虑其"从摇篮到坟墓"的全生命周期（图 2-2），即：（1）规划建设，即设施正式运行投产前的全部过程；（2）运行维护，即设施正式投产至结束运行之间的全部过程；（3）资产重置与拆除，即设施结束运行后用作他用或彻底移除的全部过程。在系统和自然的交互边界上，城镇水务系统碳排放核算不仅包括城镇水务系统物理边界内的碳排放活动，也包括与之关联的物质流等活动，例如，能源输入、出水排放、污泥处置。

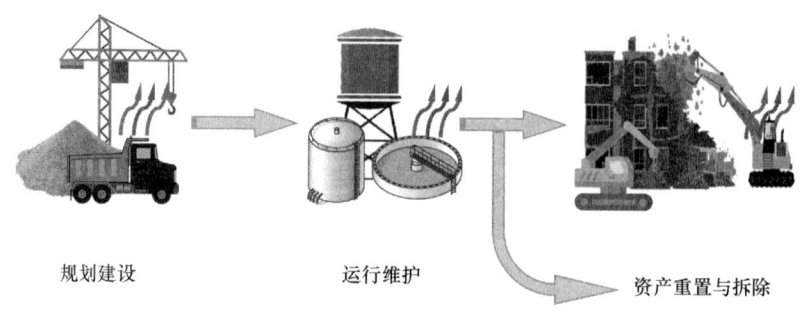

规划建设　　　　　　运行维护　　　　　　资产重置与拆除

图 2-2　城镇水务系统碳排放核算时间边界——全生命周期

为更清晰展示和区分城镇水务系统全生命周期内温室气体排放的来源和属性，参考《温室气体核算体系》和《温室气体——第一部：企业层面上温室气体排放和去除量化报告指南》ISO 14064—1：2018 进行了分类。其中，《温室气体核算体系》将企业层面温室气体排放划分为 3 类（表 2-2），包括：

（1）范围 1（Scope 1）：归属或受控于核算主体自身活动导致的直接温室气体排放；

（2）范围 2（Scope 2）：核算主体由于购买电力、蒸汽、热/冷源导致的间接温室气体排放；

（3）范围 3（Scope 3）：其他因核算主体活动导致的但在其核算边界外的间接温室气体排放（如，药剂生产、运输产生的碳排放）。

ISO 14064—1：2018 标准用"类型"代替"范围"，将范围 1 至 3 进一步细化为 6 类温室气体排放，包括：（1）直接温室气体排放或碳汇；（2）间接温室气体排放——电力热力消耗；（3）间接温室气体排放——运输；（4）间接温室气体排放——材料投入和服务；（5）间接温室气体排放——资产和副产品处置；（6）间接温室气体排放——其他。两种碳排放核算分类方法对应关系见表 2-2。

根据上述温室气体分类方法，城镇水务系统碳排放活动可概括为 5 种类型（表 2-2）：

（1）全生命周期各个阶段直接燃烧消耗的化石燃料以及由化石燃料生产的电力、热力等能源产生的温室气体；

（2）全生命周期内所消耗建材、化学药剂等物料生产产生的温室气体；

城镇水务系统温室气体排放活动

表 2-2

范围（温室气体核算体系）	类型（ISO 14064—1：2018）	给水系统	污水系统	再生水系统	雨水系统
归属或受控于核算主体自身活动导致的直接温室气体排放	直接温室气体排放或碳汇	全生命周期各阶段现场消耗的油、煤、气能源导致的温室气体排放			
		—	污水收集、厂区内处理或处理污泥等过程生化反应产生的非生源性 CO_2、CH_4 和 N_2O	—	雨水湿地单元温室气体排放
			资源、能源回收形成的碳补偿		绿色雨水设施碳汇
核算主体由于购买电力、蒸汽、热、冷/冷源导致的间接温室气体排放	间接温室气体排放——电力、热力消耗	全生命周期各阶段现场消耗的电力、热力能源导致的温室气体排放			
其他因核算主体活动导致的但在其核算边界外的间接温室气体排放，如购买原材料、耗材、废物处置	间接温室气体排放——运输	全生命周期各阶段所使用的运输工具导致的温室气体排放			
	间接温室气体排放——材料投入和服务	全生命周期各阶段目前购买和消耗的材料导致的温室气体排放			
	间接温室气体排放——资产和副产品处置[1]	水质处理中产生的排泥水或污泥，进行厂区外处置；合流制溢流（CSO）和出水排放进受纳水体生化产生的温室气体源			
			合流制溢流（CSO）和出水排放进受纳水体生化反应产生的非生源性 CO_2、CH_4 和 N_2O	—	—
	间接温室气体排放——其他	—			

1 主要涵盖各个系统产生的副产物（例如，污泥）、运送至管理边界外处置。因副产物本身含有的碳、氮反应导致的温室气体排放。但是，不包括其他主营废弃物处理的运营主体正常活动产生的碳排放量。例如，污水处理厂剩余污泥经过厂内处理（稳定脱水等）后运输至填埋场进行填埋等，其含有的碳生化反应生成的 CH_4 应计入。但填埋场进行填埋等正常运营操作产生的温室气体不计入内。

（3）运输所消耗建材、化学药剂等物料及资产重置与拆除垃圾产生的温室气体；

（4）污水和雨水系统中污水收集、处理或污泥处理处置、合流制溢流（CSO）和出水排放进受纳水体、污水处理厂投加的非生源性碳源由于生化反应生成的化石源CO_2、CH_4和N_2O；

（5）资源、能源回收形成的碳补偿与植被碳汇。

需要说明的是，在本指南规定的城镇水务系统碳排放类型中，有几类温室气体排放类型明确排除在外，包括生源性CO_2、工业污/废水厂区预处理温室气体排放及建筑二次加压。

（1）生源性CO_2

根据有机物来源种类不同，CO_2产生来源可分为生源性与化石源。从碳循环角度看，若可溯源至近期内植物光合作用所生成的有机物，则称其为生源性CO_2。因为其来自于大气碳库，并最终重新回到大气碳库，处于地球短期碳循环中，所以生源性CO_2不会造成大气中CO_2总量的净增长。若有机物最终溯源至化石燃料或其加工产品，则其产生的CO_2为化石源（或非生源性），因为其属于以化石燃料为代表的长期碳循环。对于城镇水务系统中的子系统——污水系统而言，污水中绝大多数碳属于生源性碳，但也有少部分碳来源于化石燃料或属于非生源性碳（如，化妆护肤品等部分成分来源于化石燃料）。因此，生源性CO_2不计入污水系统或城镇水务系统碳排放核算，而化石源（或非生源性）CO_2则应计入核算范围。需要强调的是，生源性碳未完全矿化所产生的CH_4应该计入碳排放核算。

（2）工业污/废水厂区预处理温室气体排放

工业企业用水一般来自于市政供水管网，产生的污/废水在经过一定预处理并满足《污水排入城镇下水道水质标准》GB/T 31962—2015前提下方可排入城镇污水系统。因此，从水循环角度看，工业企业污/废水预处理设施是城镇水务系统的一部分。但是，工业污/废水预处理设施并不归属于城镇水务系统运营企业管理，且工业污/废水有别于生活污水，两者性质差别较大。所以，生活污水碳排放量核算公式并不适用于工业污/废水，工业污/废水在排入城镇污水管渠设施前预处理设施造成的碳排放并不计入城镇水务系统碳排放核算。

（3）建筑二次加压

在实际供水过程中，市政管网供水水压通常无法满足高层建筑的用水压力需求。因此，建筑管理单位通常采取二次加压方式，以补偿市政供水管网的水压不足，从而满足高层居民用水需求。二次加压供水需消耗一定能源，造成额外碳排放。目前，建筑二次加压通常属于建筑管理单位的职责，并不归城镇水务企业统一管理。因此，本指南中建筑二次加压碳排放亦不计入城镇水务系统。需要说明的是，若建筑二次加压供水的管理和运营主体发生变化，则应重新考虑是否将其划入城镇水务系统碳排放计算总量。

第3章 碳排放核算原则与程序

3.1 基 本 原 则

为避免碳排放核算中碳排放单元或类型漏失，保证碳排放核算结果的客观性，以及纵向和横向可比较性，碳排放核算应遵循以下原则：

(1) 相关性：将城镇水务系统温室气体排放的相关活动全部纳入核算边界，确保核算结果真实代表城镇水务系统温室气体排放水平。

(2) 完整性：核算并报告所确定清单或边界内所有排放位点和活动的温室气体量，应清晰披露和解释不予核算排放活动的合理性。

(3) 一致性：确保不同时期核算方案、边界和核算公式的统一，任何可能影响结果准确性的修改和调整均应予以清楚记录和标注。

(4) 透明性：确保实事求是、方法一贯地获取核算信息和相关数据，核算过程中做出的任何假设、采用的方法和数据来源均可核查追踪。

(5) 准确性：确保温室气体排放量核算无系统性或人为主观错误，减少核算不确定性，保证核算结果能够指导企业做出合理决策。

3.2 核 算 程 序

3.2.1 一般说明

城镇水务系统运营和管理涉及多个单位主体，包括负责城镇水务系统直接运行的运营企业和负责标准法规制定的水务管理部门。另外，行业协会在联系城镇水务系统运营企业、收集企业上报数据、制定团体标准、确保行业健康发展中亦承担着重要角色，不仅发挥运营企业间桥梁和纽带作用，也可通过主动作为、积极实践与水务管理部门形成良性互馈。在进行城镇水务系统碳排放核算时，3 个主体的核算范围、数据来源、核算目的、精度要求均存在差异，如图 3-1 所示。从整体上看，运营企业是城镇水务系统各个组成部分碳排放核算的最小单位和直接执行者，行业协会和水务管理部门在确定核算边界、指导核算实践中发挥重要作用，并可对运营企业上报的核算数据进行汇总、整理、分析。另外，水务管理部门若需要对处于规划建设阶段的城镇水务系统进行碳排放核算时，运营企业和行业协会则可提供不同核算精度的碳排放强度因子，以支撑规划建设决策。

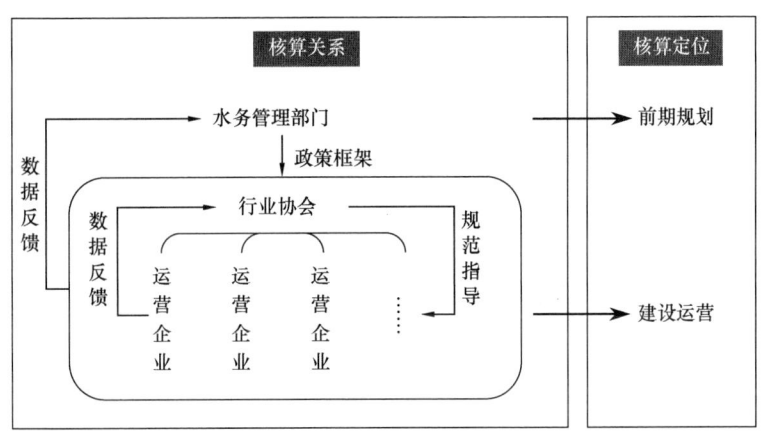

图 3-1　城镇水务系统不同主体碳排放核算关系与定位

3.2.2　运营企业

作为城镇水务系统的运行者，运营企业应承担碳排放核算的资料获取和核算执行责任，并自愿接受行业协会和水务管理部门的指导和监督。为更好地体现上述碳排放核算原则，提升核算结果的准确和应用指导价值，对于整个城镇水务系统、单个或多个子系统碳排放核算，相关运营企业作为核算主体应按照以下程序进行：

（1）确定核算边界，厘清温室气体排放清单、活动和类型；

（2）分解碳排放活动并确定对应核算方法和核算精度；

（3）依据核算精度，收集获取所需活动数据、排放因子，根据需要制订监测计划并实测数据；

（4）进行碳排放核算，汇总整理各层次核算结果，并计算碳排放总量和碳排放强度；

（5）编写碳核算报告，进行数据质量管理及文件存档；

（6）根据需要，分析对比碳排放核算结果，制订碳减排技术优化计划；

（7）向所在行业协会或城市规划管理部门上报核算工作情况及结果。

3.2.3 行业协会

行业协会进行城镇水务系统碳排放核算的内容可划分为两类：指导运营企业碳排放核算过程以及汇总整理运营企业核算结果、提供城镇水务系统平均碳排放强度。为保证所汇总数据完整有效、统计准确客观、结果真实可靠，行业协会进行城镇水务系统碳排放核算按照以下程序进行：

（1）协调组织协会成员开展碳排放核算工作；

（2）协调协会成员采用统一的核算边界、核算方法等；

（3）监督协会成员获取活动数据、确定排放因子等过程，确保数据质量；

（4）指导协会成员顺利完成碳核算工作；

（5）统计、汇总协会成员核算结果，计算协会成员总碳排放量及平均排放强度等（参考 3.3.3 节）；

（6）编写碳核算报告，进行数据质量管理及文件存档；

（7）对比、分析碳排放结果，制订碳减排技术路径；

（8）向规划和管理部门汇报核算工作情况及结果，为更大范围碳核算工作提供基础。

3.2.4 水务管理部门

水务管理部门由于其职能特点，其进行城镇水务系统碳排放核算场景也可划分两种。其一，指导运营企业碳排放核算过程以及汇总整理运营企业核算结果，核算程序可参考行业协会程序（1）～（6）。其二，为政府部门城镇水务系统规划设计提供数据支撑，由于城镇水务系统尚未建造和运行，水务管理部门无法依托运营企业上报的数据进行汇总核算，但可依托行业协会和运营企业提供的平均碳排放强度因子完成核算，应按照以下程序进行：

（1）对规划设计区域进行不同水务系统的物质流绘制和水量衡算；

（2）汇总行业协会或运营企业所提供的平均碳排放强度因子并根据规划区域特点甄选最佳因子；

（3）进行碳排放核算（参考 3.3.4 节）；

（4）编写碳核算报告，进行数据质量管理及文件存档；

（5）分析核算报告，制订、推广碳减排技术路径。

3.3　核　算　方　法

3.3.1　一般说明

进行碳排放核算时，如果能获取碳排放活动的直接活动数据（如，耗电量或燃油量），则可直接用活动数据与排放因子相乘得到碳排放量（图 3-2，方法一）。然而，在实际操作过程中，直接碳排放活动数据可能存在获取困难情形，但可获取一些其他关联数据，此时需要用关联数据计算得到直接碳排放活动数据，才能完成碳排放核算，即方法二（图 3-2）和方法三（图 3-2）。3 种核算方法结果精确度也存在层次，具体如图 3-2 所示。据此，对城镇水务系统不同碳排放活动的碳排放量进行核算时，指南提供了一种或多种方法。

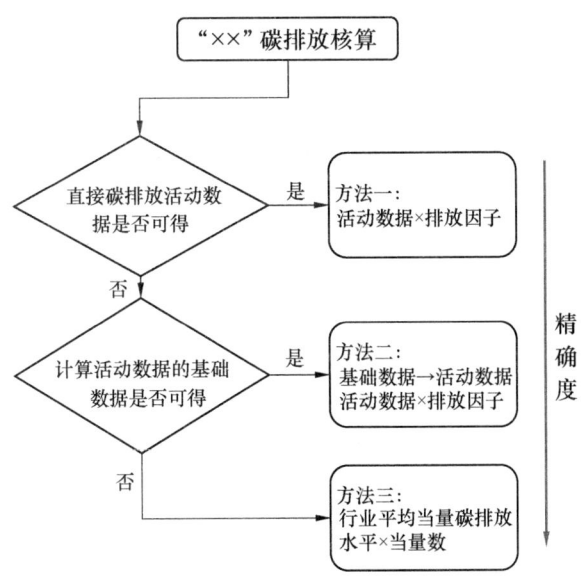

图 3-2　碳排放核算方法及其核算精确度层次示意图

温室气体排放核算结果以 CO_2 当量（CO_2-eq）为单位。其中，规划建设及资产重置与拆除阶段时间相对较短，以碳排放总量计更能突出其排放程度；运行维护时间跨度较长，则以碳排放强度衡量，更能体现其工业活动水平，提升核算结果纵向和横向可比较性，其中，给水系统、污水系统、再生水系统均以运行规模（给水处理厂、污水处理厂、再生水处理厂以处理规模计；各类管网系统以转输水量计）计算，对于雨水系统，因降雨量不同年份间区别较大，以核算区域相应年度雨水系统转输与承接管理水量进行计算。另外，核算单一系统（如，污水系统）或整个城镇水务系统运行维护温室气体排放总量时，用于相加的不同单元温室气体排放量应基于相同时间周期的活动数据。

碳排放量与碳排放强度间可相互换算，计算如下：

$$CE = CES \cdot Q \cdot T \times 365 \tag{3-1}$$

$$CES = \frac{CE}{365Q \cdot T} \tag{3-2}$$

式中　CE——服务年限内碳排放总量，kg CO_2-eq；

　　　CES——服务年限内碳排放强度，kg CO_2-eq/m³；

　　　Q——平均日处理水量，m³/d，给水处理厂和污水处理厂以达标水质水量计，输配水管网和污水管渠以总转输水量计，雨水系统以转输和承接管理水量计；

　　　T——服务年限，a；

　　　365——单位换算。

3.3.2　运营企业

城镇水务系统中各系统运营企业的核算内容与方法索引，如图3-3～图3-7所示。

3.3.3　行业协会

由运营企业、行业协会和水务管理部门间协同关系可知，行业协会在城镇水务系统碳排放核算中起到承上启下的作用——汇总运营企业核算数据并为城市规划核算提供综合碳排放强度因子。对于同一类型的水处理设施，由于规模、工艺（如，污水处理厂主体生物处理单元）、进/出水水质等不同而导致碳排放强度存在差异；对于转输系统，由于管径等不同也会存在碳排放强度差异。在核算碳排放强度因子时，应分别计算考虑和不考虑上述差异性的综合碳排放强度因子，以便于水务管理部门灵活选用。在不考虑上述差异性时，可计算加权平均碳排放强度（方法一）作为综合碳排放强度因子，但其代表性差、推及城市尺度核算精确度较低。在数据量充足情况下，也可充分考虑上述差异性，分类（如，按照规模、工艺类型等进行分类）计算加权平均

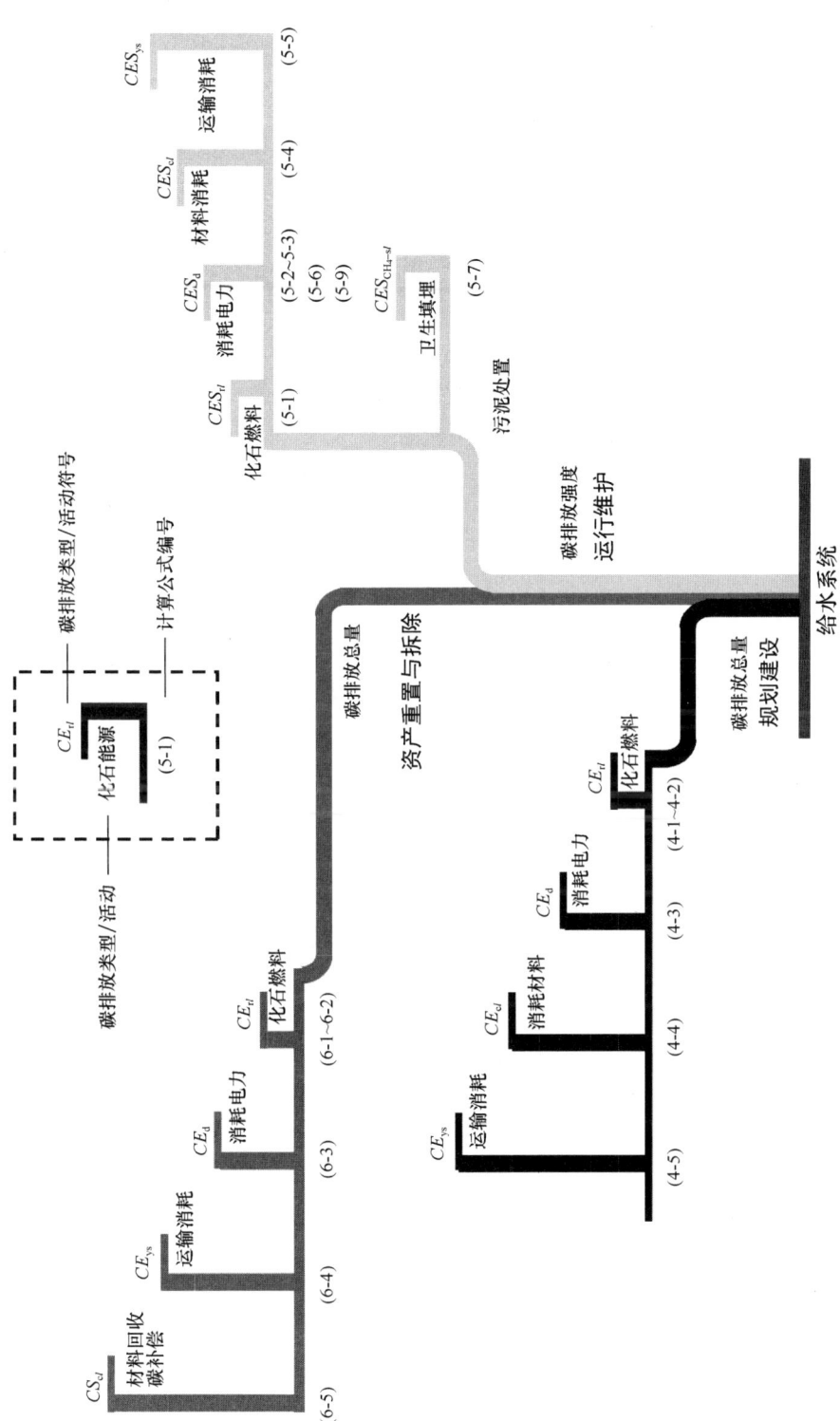

图 3-3 给水系统全生命周期碳排放活动关系系树与核算索引树

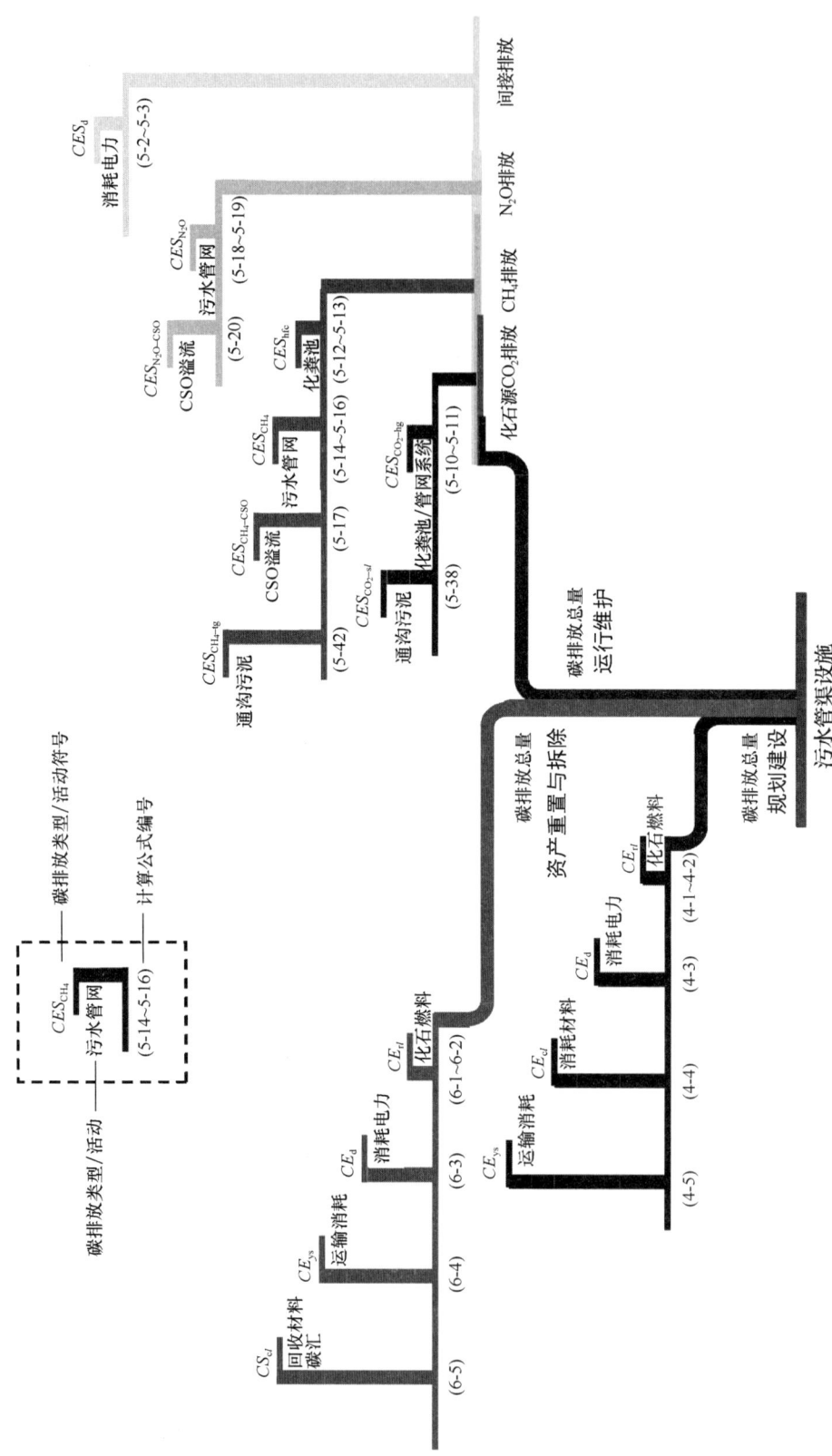

图 3-4 污水管渠设施全生命周期碳排放活动关系树与核算索引树

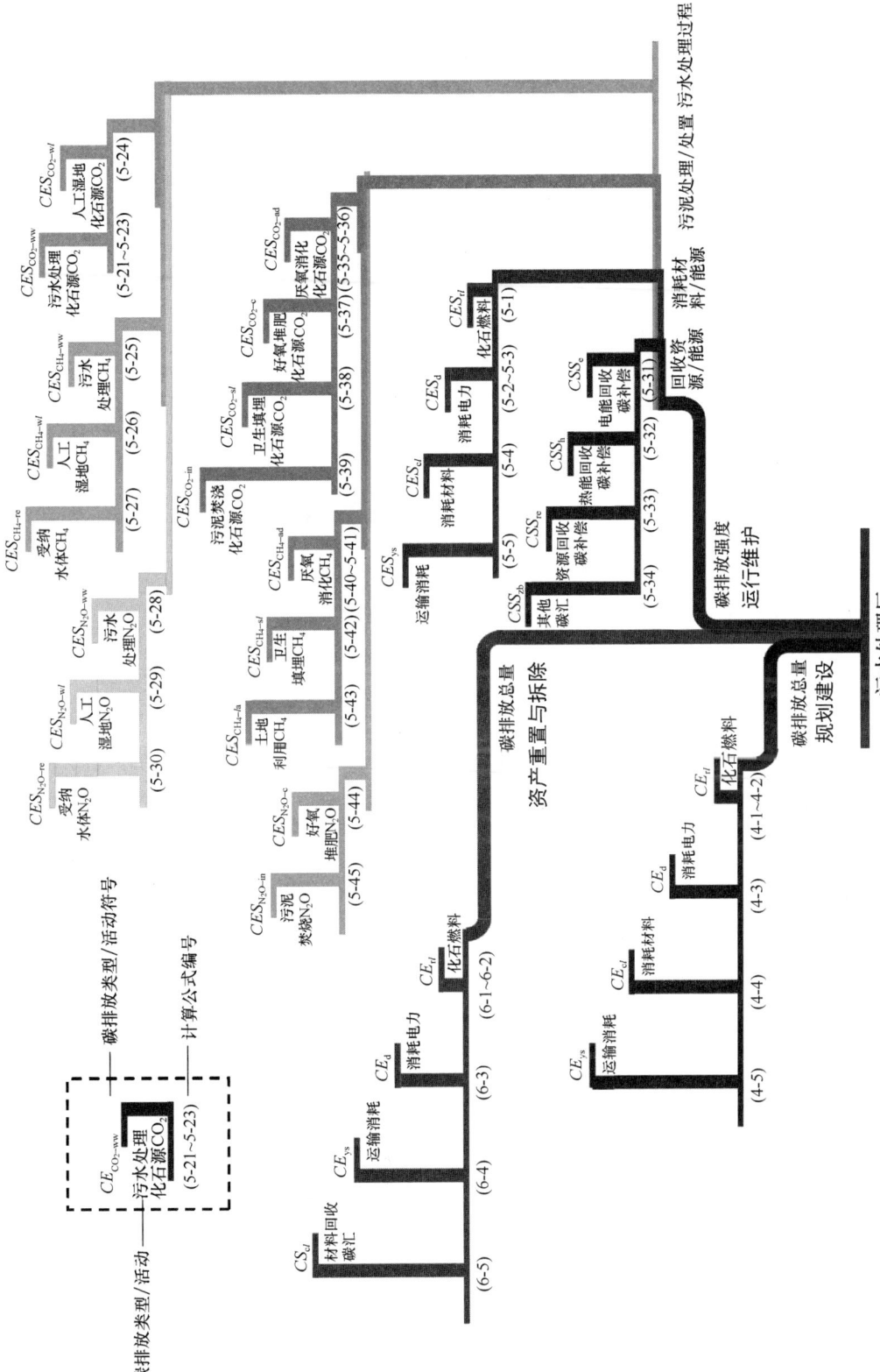

图 3-5　污水处理厂全生命周期碳排放活动关系树与核算索引树

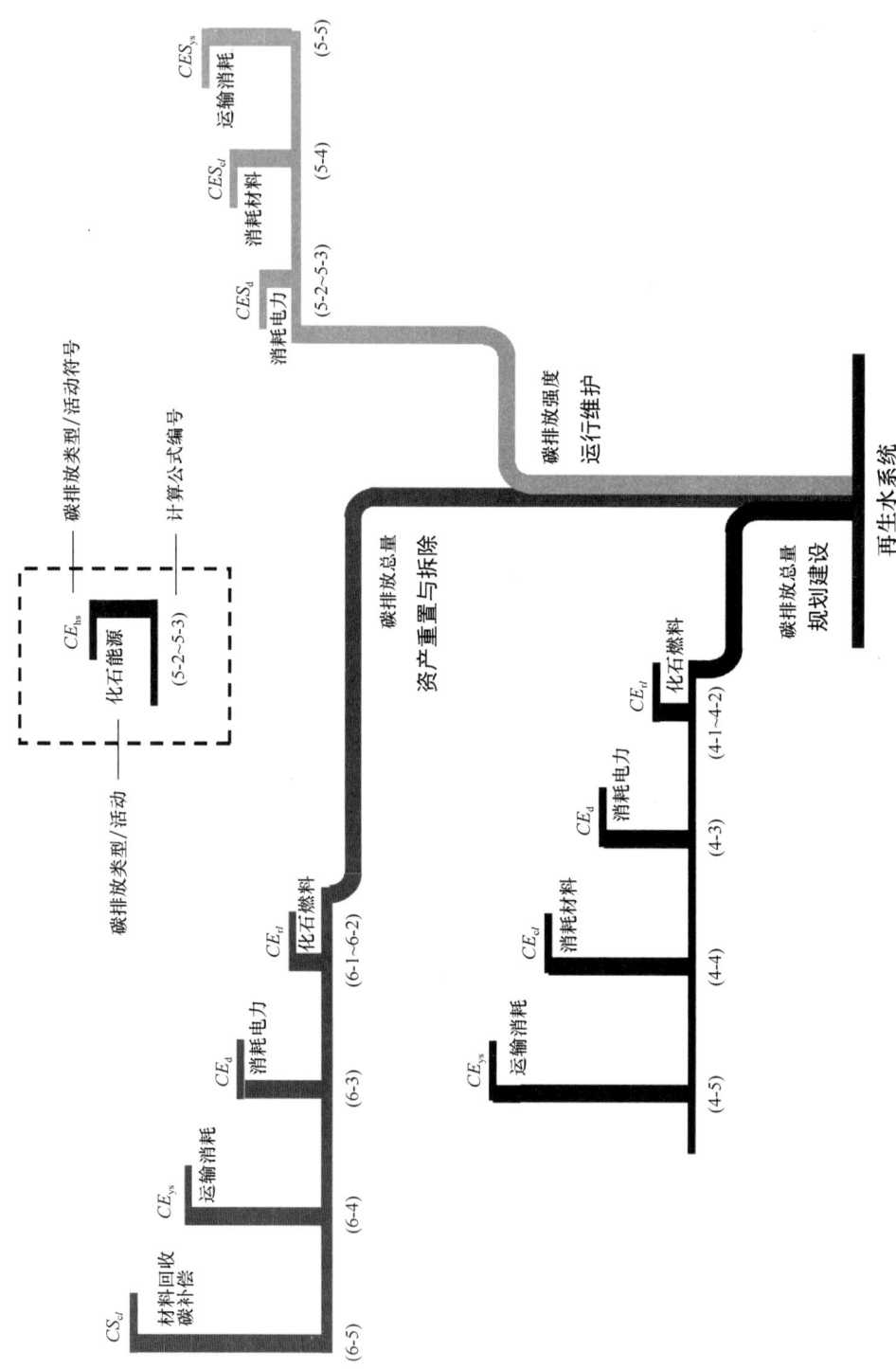

图 3-6 再生水系全生命周期碳排放活动关系树与核算索引树

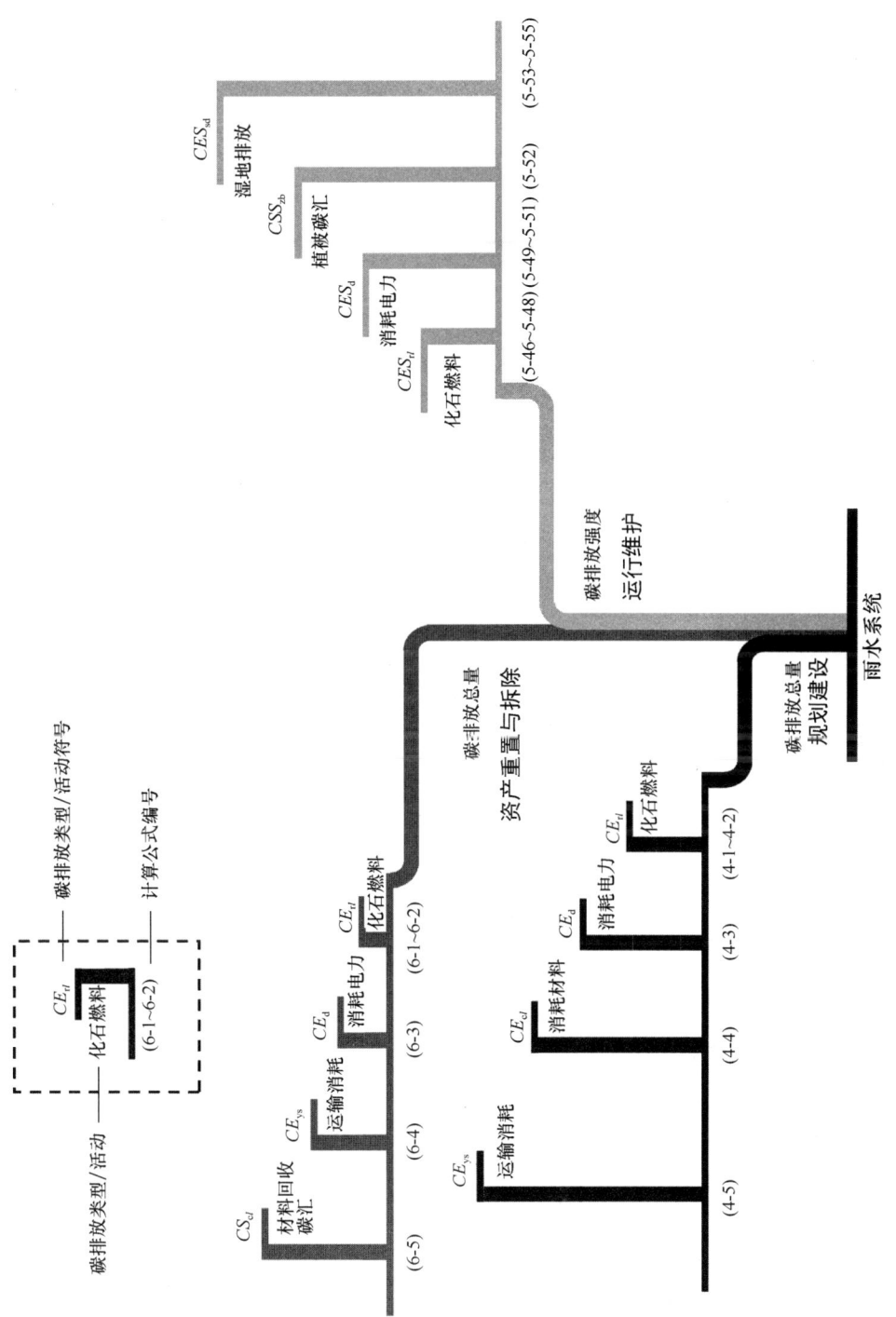

图 3-7　雨水系统全生命周期碳排放活动关系树与核算索引树

碳排放强度（方法二），其代表性高、推及城市尺度核算精确度较高。

方法一：

$$\overline{CES} = \frac{\sum\limits_{i=1}^{n} CE_i}{365 \sum\limits_{i=1}^{n} Q_i} \tag{3-3}$$

$$\overline{CES} = \frac{\sum\limits_{i=1}^{n} (CES_i \cdot Q_i)}{\sum\limits_{i=1}^{n} Q_i} \tag{3-4}$$

式中　$\overline{CES}$——系统加权平均碳排放强度，kg CO_2-eq/m³；

CE_i——第 i 家运营企业年碳排放总量，kg CO_2-eq；

CES_i——第 i 家运营企业碳排放强度，kg CO_2-eq/m³；

Q_i——第 i 家运营企业运行规模，m³/d，给水处理厂和污水处理厂参考达标水质水量，供水管网和污水管渠参考转输水量，雨水系统参考转输和承接管理水量；

n——该团体运营企业的总数量。

方法二：

对于不同水务系统分类可按照收集数据的不同灵活进行，对于给水处理厂和污水处理厂推荐按照如下规模和工艺进行分类：

（1）给水处理厂分类：规模（<5 万 m³/d；5～10 万 m³/d；>10 万 m³/d）和处理工艺（常规处理工艺；预处理＋常规处理；预处理＋常规处理＋深度处理）。

（2）污水处理厂分类：规模（<1 万 m³/d；1～10 万 m³/d；>10 万 m³/d）和工艺（AAO；AO；氧化沟；SBR；普通曝气池）。

转输管网推荐按照材质和管径进行分类，其他系统可根据实际收集数据灵活分类。分类后的加权平均碳排放强度计算参考式（3-3）或式（3-4）。

3.3.4　水务管理部门

水务管理部门对辖区城镇水务系统碳排放进行核算有别于运营企业和行业协会，核算步骤也稍有区别，整体可分为两步。第一步是构建辖区内不同系统间水量平衡，这是保证城市尺度碳排放核算精确的关键；第二步则是在水量平衡基础上，分别针对不同系统水处理量进行碳排放核算。其中，核算也可通过两种方法进行。方法一，若辖区内全部水务运营企业碳排放核算结果可得，可通过汇总加和求得，准确度较高，也是首先推荐的方法，水量平衡结果可作为运营企业上报数据完整性的校核条件；方法二，若获取辖区内水务运营企业核算结果存在困难时，可依据综合碳排放强度因子进行匡算，但准确度较低，其中，综合碳排放强度因子可由行业协会提供（第 3.3.3 节），当行业协会无法提供时，也可采用当地有代表性运营企业的碳排放强度数据，或情况相近的城市平均排放强度数据，结合当地水资源情况进行计算。

方法一：

$$CE = \sum_{i=1}^{n} CE_i \tag{3-5}$$

式中　CE ——该市年总碳排放量，kg CO_2-eq；

　　　CE_i ——第 i 家企业或团体年碳排放总量，kg CO_2-eq。

方法二：

$$CE = \sum_{i=1}^{n} CES_i \cdot Q_i \tag{3-6}$$

式中　CE ——该市年总碳排放量，kg CO_2-eq；

　　CES_i ——第 i 个水务系统碳排放强度，kg CO_2-eq/m³；

　　　Q_i ——第 i 个水务系统年水处理量，m³，给水处理厂和污水处理厂以达标水质水量计，输配水管网和污水管渠以总转输水量计，雨水系统以转输和承接管理水量计。

第4章 规 划 建 设

4.1 概 述

城镇水务系统规划建设主要碳排放量包括：（1）施工过程中器械工作燃烧化石燃料产生的直接碳排放量；（2）施工过程消耗电能产生的间接碳排放量；（3）规划建设消耗建筑材料产生的间接碳排放量；（4）运输各类材料产生的间接碳排放量。城镇水务系统规划建设过程碳排放活动与建筑等其他行业相通，各系统间特异性不突出，与水处理及管理过程相关性较弱。因此，为保持与社会各行业碳核算工作的一致性，突出水务系统碳排放活动的特点，本节提供的规划建设过程碳排放核算方法适用于城镇水务系统中的任一系统。

根据规划建设材料和施工活动清单完整性，本章提供两种核算方法：（1）可获取规划建设各类材料和施工机械活动数据清单，采用活动数据与相应排放因子进行核算（4.2～4.5节），其准确度较高；（2）规划建设各类材料和施工机械活动清单获取较为困难时，可依据系统的处理规模或投资规模，结合历史参数碳排放计算图或速查表进行粗略估算（4.6节），但准确度较差。

4.2 化石燃料直接排放

施工周期内因动力机械消耗化石燃料（煤、石油、天然气及其衍生燃料）导致的碳排放，根据可获取的施工台账数据不同，可参考以下两种核算方法：（1）可获取施工周期化石燃料种类和对应消耗量，推荐使用化石燃料进行碳排放核算（方法一），其结果准确度较高；（2）若化石燃料消耗量不可得，则可根据施工周期内的机械台班数进行核算（方法二），但结果准确度较低。计算如下：

方法一：

$$CE_{rl} = \sum_{i=1}^{n} (M_{rl,i} \cdot EF_{rl,i}) \tag{4-1}$$

式中　CE_{rl} ——化石燃料碳排放量，kg CO_2-eq；

　　　$M_{rl,i}$ ——消耗的第 i 种化石燃料总量，kg 或 m^3；

　　　$EF_{rl,i}$ ——第 i 种化石燃料排放因子，kg CO_2-eq/kg 或 kg CO_2-eq/m^3，见附录 B.1；

　　　n ——总计使用 n 种化石燃料。

　　方法二：

$$CE_{rl} = \sum_{i=1}^{n} (T_i \cdot S_i \cdot EF_{rl,i}) \tag{4-2}$$

式中　CE_{rl} ——化石燃料碳排放量，kg CO_2-eq；

　　　T_i ——第 i 种机械台班使用数量；

　　　S_i ——第 i 种单位机械台班化石燃料消耗量，kg 或 m^3，可参考《建筑碳排放计算标准》GB/T 51366—2019；

　　　$EF_{rl,i}$ ——第 i 种机械台班所消耗的化石燃料对应排放因子，kg CO_2-eq/kg 或 kg CO_2-eq/m^3，见附录 B.1；

　　　n ——总计使用 n 种机械台班。

4.3　电力消耗间接排放

　　施工周期内因消耗电能导致的碳排放，核算方法为消耗的总电量乘以该地区电力排放因子，计算如下：

$$CE_{d} = E_{d} \cdot EF_{d} \tag{4-3}$$

式中　CE_{d} ——消耗电力产生的碳排放量，kg CO_2-eq；

　　　E_{d} ——总耗电量，kWh；

　　　EF_{d} ——该地区电力排放因子，kg CO_2-eq/kWh，见附录 B.2。

4.4　材料消耗间接排放

　　施工周期内因建筑材料消耗导致的碳排放，核算方法为消耗材料数量乘以该材料的排放因子，计算如下：

$$CE_{cl} = \sum_{i=1}^{n} (M_{cl,i} \cdot EF_{cl,i}) \tag{4-4}$$

式中　CE_{cl} ——消耗材料产生的碳排放量，kg CO_2-eq；

　　　　$M_{cl,i}$ ——第 i 种材料使用量，t 或 m^3；

　　　　$EF_{cl,i}$ ——第 i 种材料的排放因子，kg CO_2-eq/m^3 或 kg CO_2-eq/t，见附录 B.3；

　　　　n ——总计使用 n 种材料。

4.5　运输过程间接排放

规划建设阶段所消耗的建筑材料在运往现场时，将产生一定的碳排放量。运输过程间接碳排放量可由材料运输总量分别乘以运输距离、单位距离单位质量排放因子得到。计算如下：

$$CE_{ys} = \sum_{i=1,j=1}^{n,l} (M_{ys,i,j} \cdot L_{ys,i,j} \cdot EF_{ys,j}) \tag{4-5}$$

式中　CE_{ys} ——材料运输环节所产生的碳排放量，kg CO_2-eq；

　　　　$M_{ys,i,j}$ ——第 i 次运输中，使用第 j 种方式的运输材料总量，t；

　　　　$L_{ys,i,j}$ ——第 i 次运输中，使用第 j 种方式的运输距离，km；

　　　　$EF_{ys,j}$ ——第 j 种运输方式排放因子，kg CO_2-eq/（t・km），见附录 B.4；

　　　　n ——总计进行 n 次运输；

　　　　l ——第 i 次运输中，总计采用了 l 种运输方式。

4.6　建设施工整体估算法

4.6.1　基于设计规模估算

在对城镇水务系统单个模块规划建设实际核算工作中，若对核算结果精度要求不高，可将模块的能源消耗、材料消耗等作为一个整体直接估算。其中，给水处理厂和污水处理厂可依据运行规模（式 4-6）进行估算；管道系统则可依据敷设长度（式 4-7）进行估算；城市雨水系统海绵城市可依据当地设计规模（式 4-8、式 4-9）进行估算。另外，上述系统也可通过规划建设碳排放计算图（图 4-1～图 4-4）直接读取。能源、材料消耗等详细参数可见附录 C.1～附录 C.5。

$$CE_{js} = CES \cdot Q \tag{4-6}$$

式中：CE_{js} ——规划建设碳排放量，t CO_2-eq；

CES ——给水处理厂和污水处理厂建设施工碳排放因子，t CO_2-eq/（万 m^3/d），见表 4-2、表 4-4；

Q ——运行规模（给水处理厂和污水处理厂参考达标水质水量），万 m^3/d。

$$CE_{js} = CES \cdot L \tag{4-7}$$

式中　CE_{js} ——规划建设碳排放量，t CO_2-eq；

CES ——输配水管网和污水管渠建设施工碳排放因子，t CO_2-eq/km，见表 4-1、表 4-3；

L ——不同管径管道敷设施工长度，km。

$$CE_{js} = \sum_{i=1, j=1}^{n,l} (CES_i \cdot S_i + CES_j \cdot L) \tag{4-8}$$

式中　CE_{js} ——雨水系统规划建设碳排放量，kg CO_2-eq；

CES_i ——第 i 种设施碳排放强度，kg CO_2-eq/m^2；见附录 C.5；

S_i ——海绵城市建设中第 i 种设施占地面积，m^2；

CES_j ——第 j 种雨水管道排放强度，kg CO_2-eq/m；

n ——总计使用 n 种设施；

l ——总计使用 l 种雨水管道；

L ——雨水管道长度，m，若无雨水管道长度数据，可以式（4-9）计算。

$$L = S \cdot D \tag{4-9}$$

式中　S ——区域面积，km^2；

D ——雨水管道密度，m/km^2，根据实际建设规划情况获取。

不同材质输配水管网建设施工碳排放因子　　　　表 4-1

管径	排放因子（t CO_2-eq/km）[1]	
	球墨铸铁管道	钢管道
DN 300	105.1	181.3
DN 400	155.4	228.6
DN 500	214.0	287.2
DN 600	280.7	345.4
DN 700	356.1	403.4
DN 800	440.9	461.9
DN 900	532.3	519.9

管径	排放因子（t CO$_2$-eq/km）[1]	
	球墨铸铁管道	钢管道
DN 1000	630.5	578.1
DN 1200	856.0	694.4

[1] 覆土深度为 0.7m。

不同工艺给水处理厂和泵站建设施工碳排放因子 表 4-2

工艺流程	排放因子 [t CO$_2$-eq/（万 m^3/d）]		
	＜5 万 m^3/d	5 万～10 万 m^3/d	≥10 万 m^3/d
常规处理	1209.5	1070.8	833.1
预处理＋常规处理	1445.9	1300.7	1011.1
预处理＋常规处理＋深度处理	1942.8	1785.5	1437.5
配水泵站	389.6	339.4	266.8

不同材质污水管渠建设施工碳排放因子 表 4-3

钢筋混凝土管道		HDPE 管道	
管径	排放因子[1] （t CO$_2$-eq/km）	管径	排放因子[1] （t CO$_2$-eq/km）
d 600	52.4	dn 600	17.9
d 800	86.7	dn 800	20.8
d 1000	126.7	dn 1000	24.4
d 1200	178.8	dn 1200	29.9
d 1400	263.5	dn 1400	36.1
d 1600	346.4	dn 1600	44.1
d 1800	414.9	dn 1800	49.6
d 2000	536.5	dn 2000	55.1

[1] 覆土深度为 0.7m。

污水处理厂实现不同出水标准及提标改造建设施工碳排放因子 表 4-4

工艺流程	排放因子 [t CO$_2$-eq/（万 m^3/d）]		
	＜1 万 m^3/d	1 万～10 万 m^3/d	≥10 万 m^3/d
一级 B 污水处理厂 （不含污泥消化）	3275.0	2239.9	1575.3
一级 B 污水处理厂 （含污泥消化）	4226.4	2543.8	2022.9
一级 A 污水处理厂 （不含污泥消化）	4748.9	2919.8	2293.1

工艺流程	排放因子 [t CO₂-eq/(万 m³/d)]		
	<1 万 m³/d	1 万～10 万 m³/d	≥10 万 m³/d
一级 A 污水处理厂（含污泥消化）	5657.7	2503	2750.8
提标改造至一级 A 污水处理厂（不含污泥消化）	1602.3	1037.6	794.1
提标改造至准 Ⅳ 类污水处理厂（不含污泥消化）	2421.2	1369.5	1054.7

注：根据一般污水处理厂进水情况（COD＝350mg/L，BOD＝170mg/L）归纳，实际应用中可根据情况进行数值的放大或缩小。

为方便查阅工作，本指南亦根据速查表数据，整理计算得到城镇水务系统建筑碳排放计算图，如图 4-1～图 4-4 所示。可依据城镇水务系统各类设施规模变化，在计算图中快速读取相应规划建设碳排放量。

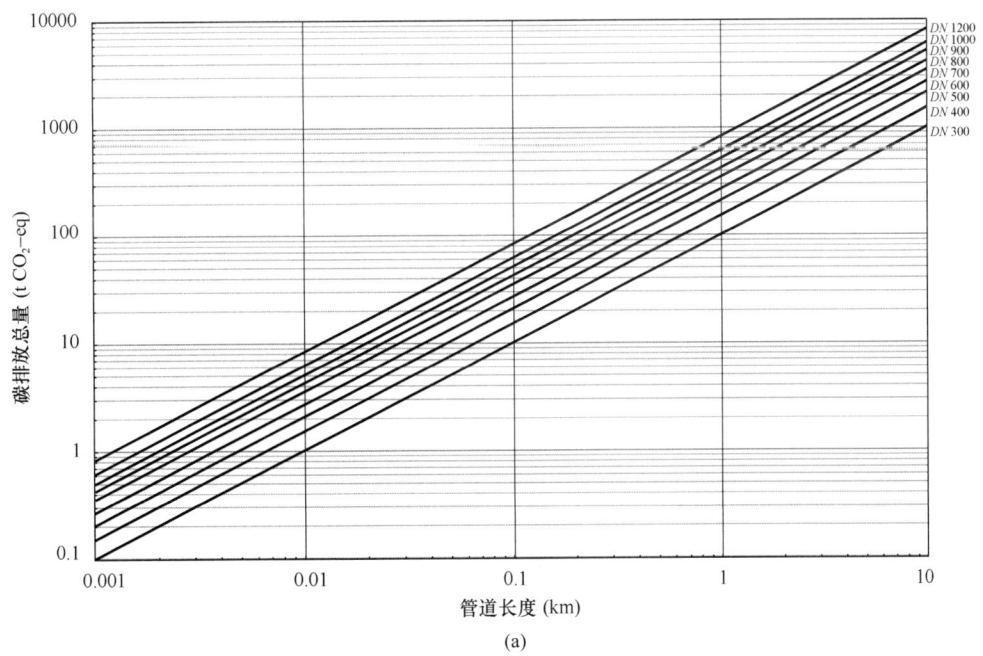

(a)

图 4-1　不同材质输配水管网建设施工（覆土深度 0.7m）碳排放计算图（一）

（a）球墨铸铁管道

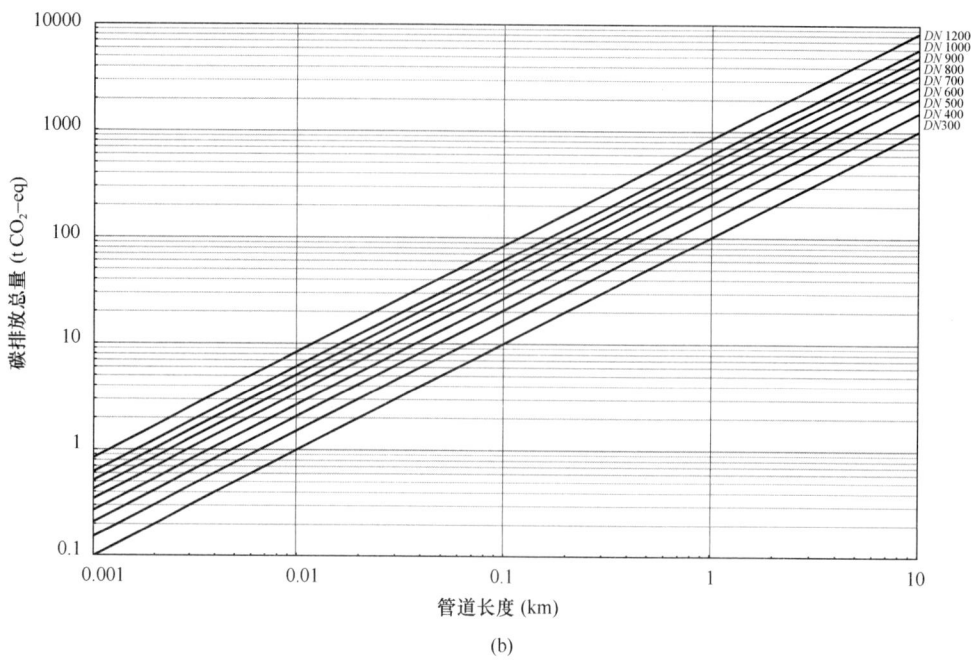

图 4-1　不同材质输配水管网建设施工（覆土深度 0.7m）碳排放计算图（二）

（b）钢管道

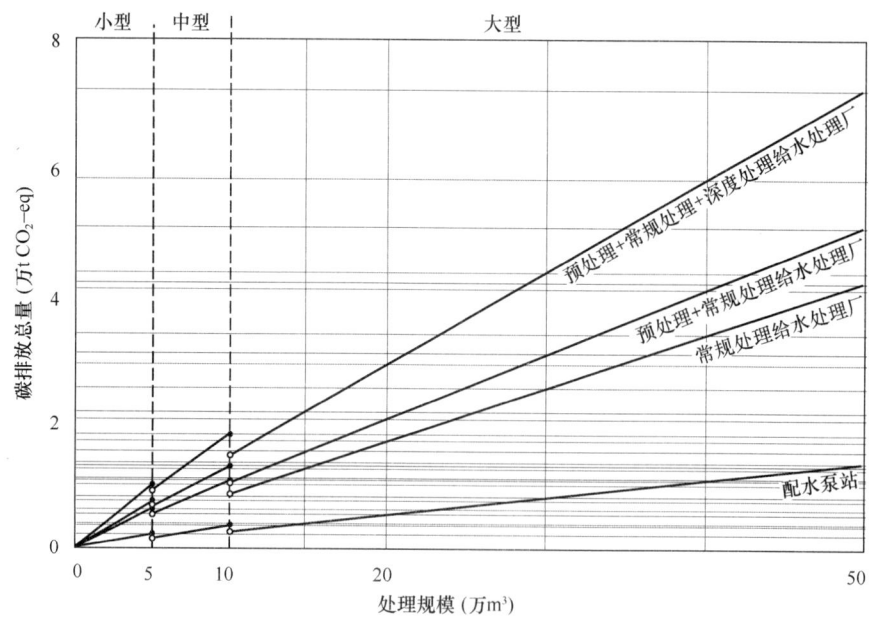

图 4-2　不同工艺给水处理厂和泵站建设施工碳排放计算图

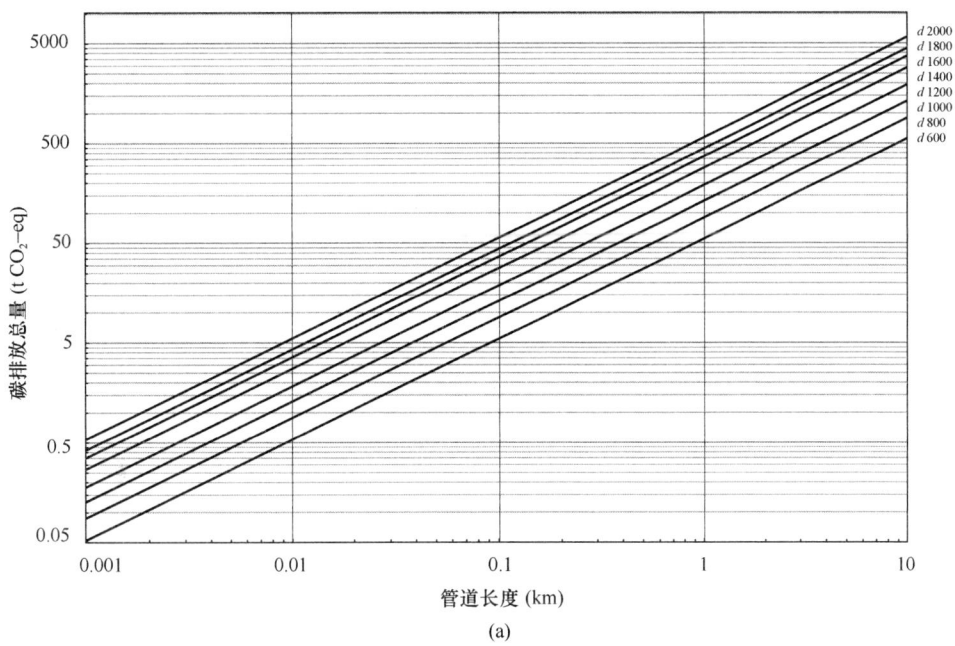

(a)

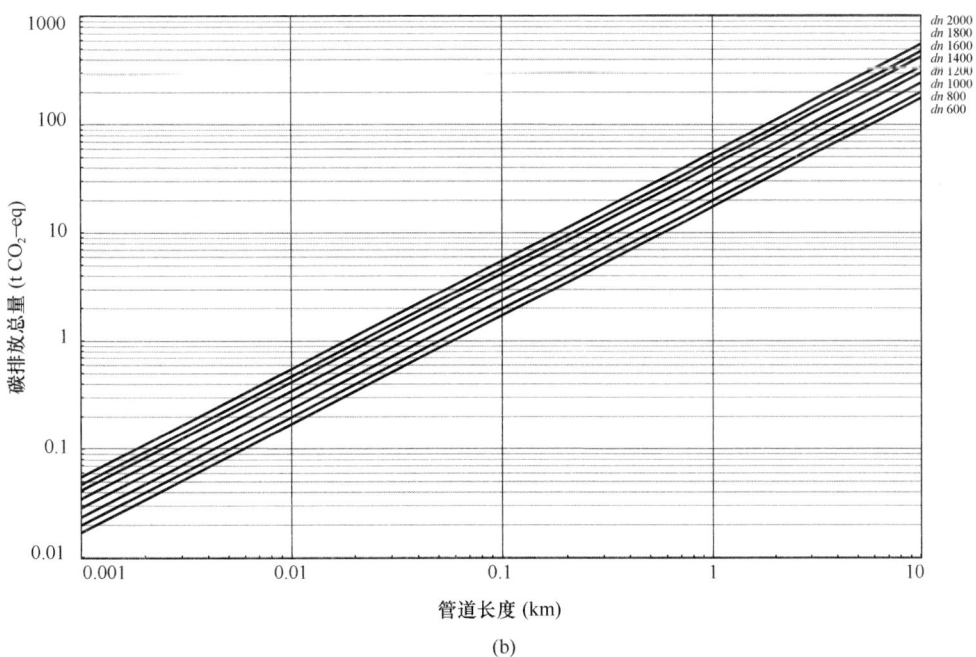

(b)

图 4-3　不同材质污水管渠建设施工（覆土深度 0.7m）碳排放计算图

（a）钢管混凝土管道；（b）HDPE 管道

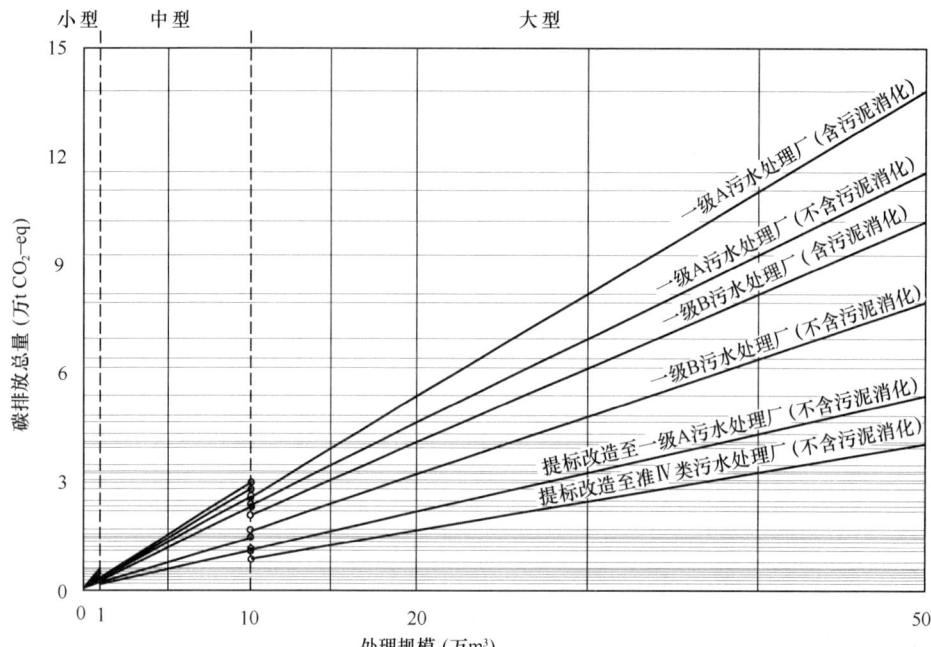

*根据一般污水处理厂进水情况（COD=350mg/L，BOD=170mg/L）归纳，实际应用中可根据情况进行数值的放大或缩小。

图 4-4　污水处理厂实现不同出水标准及提标改造建设施工碳排放计算图

4.6.2　基于投资规模估算

鉴于建设施工与投资规模存在相关关系，规划建设阶段碳排放也可根据投资规模进行粗略核算，计算如下：

$$CE_{js} = CES_{tz} \cdot TZ \qquad (4\text{-}10)$$

式中　CE_{js} ——规划建设碳排放量，t CO_2-eq；

　　　CES_{tz} ——建设施工投资碳排放因子，t CO_2-eq/万元，见表 4-5～表 4-9；

　　　TZ ——规划建设投资总额，万元。

不同材质输配水管网建设施工投资碳排放因子　　　　　表 4-5

管径	总排放强度（t CO_2-eq/万元）	
	球墨铸铁管道	钢管道
DN 300	1.33	1.88
DN 400	1.54	1.99
DN 500	1.60	1.90
DN 600	2.12	2.40
DN 700	2.42	2.68

续表

管径	总排放强度（t CO_2-eq/万元）	
	球墨铸铁管道	钢管道
DN 800	2.91	2.98
DN 900	3.13	2.91
DN 1000	3.40	2.98
DN 1200	4.05	3.16

不同工艺给水处理厂和泵站建设施工投资碳排放因子　　　表 4-6

工艺流程	投资排放强度（t CO_2-eq/万元）		
	＜5 万 m^3/d	5 万～10 万 m^3/d	≥ 10 万 m^3/d
常规处理	1.03	1.02	1.00
预处理＋常规处理	1.03	1.04	1.01
预处理＋常规处理＋深度处理	1.00	1.01	1.00
配水泵站	1.00	0.98	0.99

不同材质污水管渠建设施工投资碳排放因子　　　表 4-7

钢筋混凝土管道		HDPE 管道	
管径	总排放强度（t CO_2-eq/万元）	管径	总排放强度（t CO_2-eq/万元）
d 600	3.1	dn 600	0.5
d 800	4.3	dn 800	0.5
d 1000	5.2	dn 1000	0.5
d 1200	6.1	dn 1200	0.5
d 1400	8.1	dn 1400	0.5
d 1600	8.8	dn 1600	0.5
d 1800	9.2	dn 1800	0.5
d 2000	10.7	dn 2000	0.5

污水处理厂实现不同出水标准及提标改造建设施工投资碳排放因子　　　表 4-8

工艺流程	投资排放强度（t CO_2-eq/万元）		
	＜1 万 m^3/d	1 万～10 万 m^3/d	≥10 万 m^3/d
一级 B 污水处理厂（不含污泥消化）	1.3	1.3	1.1
一级 B 污水处理厂（含污泥消化）	1.3	1.2	1.2
一级 A 污水处理厂（不含污泥消化）	1.3	1.2	1.2

工艺流程	投资排放强度（t CO_2-eq/万元）		
	＜1 万 m^3/d	1 万～10 万 m^3/d	≥10 万 m^3/d
一级 A 污水处理厂 （含污泥消化）	1.3	0.9	1.2
提标改造至一级 A 污水处理厂 （不含污泥消化）	1.3	1.2	1.2
提标改造至准Ⅳ类污水处理厂 （不含污泥消化）	1.3	1	1

雨水控制设施建设施工投资碳排放因子 表 4-9

雨水控制设施		总排放强度（t CO_2-eq/万元）
植草沟	转输型干式植草沟	0.42～2.81
	渗透型干式植草沟	0.99～6.59
	湿式植草沟	1.83～12.22
透水铺装	人行道	1.89～6.32
	行车载荷≤5t	4.01～13.37
	行车载荷 5～8t	5.20～17.34
	行车载荷 8～13t	6.00～19.99
生物滞留设施	生物滞留区	0.19～1.03
	雨水花园（以净化型雨水花园为例）	0.55～2.92
	简易型生态树池	2.07～11.06
	净化型生态树池	1.95～10.39
	高位花坛（以滞留型高位花坛为例）	2.87～15.31
下沉式绿地		2.62～3.27
绿色屋顶	简易式	2.85～8.56
	花园式	6.58～19.74
蓄水池		4.38～6.57
湿塘		0.14～0.22

第5章 运 行 维 护

5.1 概 述

城镇水务系统在运行维护阶段的碳排放活动包括：（1）微生物生化反应导致的直接碳排放；（2）化石燃料燃烧导致的直接碳排放；（3）电能消耗导致的间接碳排放；（4）各类药剂、材料消耗导致的间接碳排放；（5）运输过程导致的间接碳排放。同时，城镇水务系统部分设施在运行过程中，通过植物直接固定 CO_2 形成碳汇或通过回收能源、资源方式形成碳抵消量，从而减少其运行中产生的碳排放总量。

由于城镇水务系统中各系统的功能、活动不尽相同，其详细核算边界及碳排放活动等信息详见各系统对应章节。

5.2 一 般 规 定

5.2.1 化石燃料直接排放

城镇水务系统中部分机械设备运行中消耗汽油、柴油化石燃料，因而产生一定直接碳排放量，计算如下：

$$CES_{rl} = \sum_{i=1}^{n} (M_{rl,i} \cdot EF_{rl,i})/Q \tag{5-1}$$

式中 CES_{rl} ——化石燃料碳排放强度，kg CO_2-eq/m³；

$M_{rl,i}$ ——评价年内消耗的第 i 种化石燃料总量，kg/a 或 m³/a；

$EF_{rl,i}$ ——第 i 种化石燃料排放因子，kg CO_2-eq/kg 或 kg CO_2-eq/m³，见附录 B.1；

Q——评价年内总处理水量，m^3/a，给水处理厂和污水处理厂以达标水质水量计，输配水管网和污水管渠以总转输水量计，雨水系统以转输和承接管理水量计；

n——总计使用 n 种化石燃料。

5.2.2 电力消耗间接排放

各类设施运行维护因电力消耗导致的碳排放强度核算可参考以下方法进行：（1）根据实际消耗电量总量进行核算，见方法一，各类设施皆可适用，结果准确度最高；（2）对于水泵运行排放，若耗电量数据不可得，但可获取水泵机组功率参数和提升高度信息时，见方法二，结果准确度中等，仅适用于水泵；

方法一：

$$CES_d = (E_d \cdot EF_d)/Q \tag{5-2}$$

式中　CES_d——运行维护消耗购入电力产生的碳排放强度，$kg\ CO_2\text{-}eq/m^3$；

E_d——评价年内运行维护总耗电量，kWh/a；

EF_d——该地区电力排放因子，$kg\ CO_2\text{-}eq/kWh$，见附录 B.2；

Q——评价年内总处理水量，m^3/a，给水处理厂和污水处理厂以达标水质水量计，输配水管网和污水管渠以总转输水量计，雨水系统以转输和承接管理水量计。

方法二：

$$CES_d = \sum_{i=1}^{n} \left(\frac{g \cdot l \cdot \rho \cdot EF_d}{3.6 \times 10^6 \eta_i} \right) \tag{5-3}$$

式中　CES_d——运行维护（主要是泵站）消耗电力产生的碳排放强度，$kg\ CO_2\text{-}eq/m^3$；

g——重力加速度，$9.8m/s^2$；

l——实际提升扬程，m；

ρ——水的密度，kg/m^3，取 $1000kg/m^3$；

EF_d——该地区电力排放因子，$kg\ CO_2\text{-}eq/kWh$，见附录 B.2；

η_i——第 i 种泵机组工作效率；

n——总计使用 n 种不同工作效率的泵机组。

5.2.3 材料消耗间接排放

城镇水务系统运行中消耗的各类材料、药剂等，在其生产阶段已产生相应碳排放强度，应纳入核算。核算方法为消耗材料数量乘以该材料排放因子，再除以评价年内总处理水量，计算如下：

$$CES_{cl} = \sum_{i=1}^{n} (M_{cl,i} \cdot EF_{cl,i})/Q \qquad (5\text{-}4)$$

式中　CES_{cl} ——水系统运行中所消耗的药剂、材料等产生的间接碳排放强度，kg CO_2-eq/m^3；

$\quad\quad M_{cl,i}$ ——评价年内第 i 种药剂总消耗量，kg/a；

$\quad\quad EF_{cl,i}$ ——第 i 种药剂的排放因子，kg CO_2-eq/kg，见附录 B.5；

$\quad\quad n$ ——总计使用 n 种药剂；

$\quad\quad Q$ ——评价年内总处理水量，m^3/a，给水处理厂和污水处理厂以达标水质水量计，输配水管网和污水管渠以总转输水量计，雨水系统以转输和承接管理水量计。

5.2.4　运输过程间接排放

城镇水务系统运行中，需要将自外部购入的材料、药剂等产品运入厂区，也可能需要将内部产出的产品或废物等向外部运输。运输过程中产生的碳排放强度应纳入核算。计算如下：

$$CES_{ys} = \sum_{i=1,j=1}^{n,l} (M_{ys,i,j} \cdot L_{ys,i,j} \cdot EF_{ys,j})/Q \qquad (5\text{-}5)$$

式中　CES_{ys} ——因运输材料使用所产生的碳排放强度，kg CO_2-eq/m^3；

$\quad\quad M_{ys,i,j}$ ——评价年内第 i 次运输中，使用第 j 种方式的运输材料总量，t/a；

$\quad\quad L_{ys,i,j}$ ——评价年内第 i 次运输中，使用第 j 种方式的运输距离，km；

$\quad\quad EF_{ys,j}$ ——第 j 种运输方式排放因子，kg CO_2-eq/(t·km)，见附录B.4；

$\quad\quad n$ ——评价年内，总计进行 n 次运输；

$\quad\quad l$ ——第 i 次运输中，总计采用了 l 种运输方式；

$\quad\quad Q$ ——评价年内总处理水量，m^3/a，给水处理厂和污水处理厂以达标水质水量计，输配水管网和污水管渠以总转输水量计，雨水系统以转输和承接管理水量计。

5.3 给 水 系 统

5.3.1 核算边界

城镇给水系统是由取水、水质处理和输配水等设施以一定方式组合而成的总体，包含管道、水泵、处理设备及其附属设施。另外，长距离输水是解决个别地区给水系统水源不足的一种方案，因此，本指南也将其列为给水系统的一部分。按照水源种类的不同，水质处理设施可分为以地表水和地下水为水源的传统给水处理厂及以海水为水源的海水淡化厂，本指南均予以考虑。

如图 5-1 所示，给水系统碳排放核算边界覆盖自取水水源起、至用户为止的全部设施单元，包含长距离输水管渠和泵站、取水管渠和泵站、水质处理设施，以及输水至用户的输配水管网和泵站等附属设施。具体碳排放活动和排放类型总结于表 5-1。

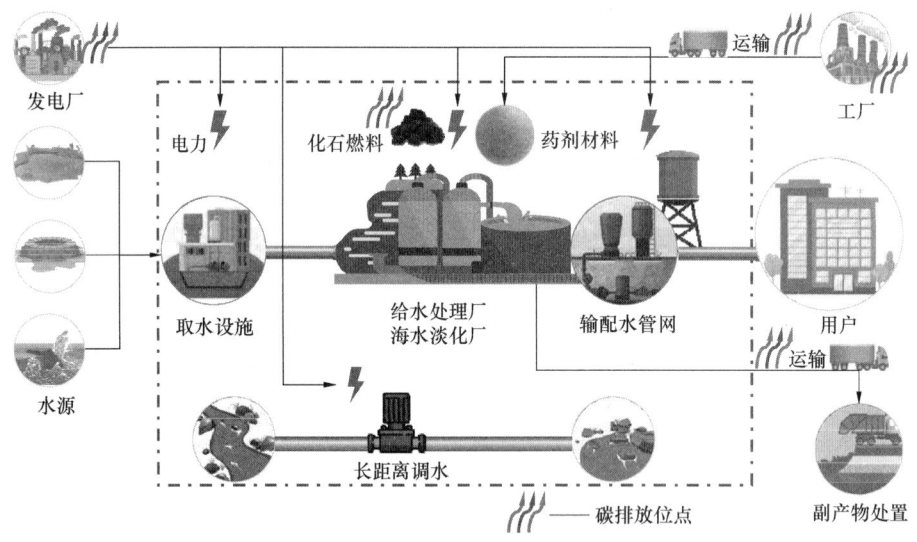

图 5-1　给水系统碳排放核算边界示意图（彩图请扫书后二维码）

给水系统碳排放活动　　　　　　表 5-1

范围（温室气体核算体系）	类型（ISO 14064—1：2018）	取水和输配水	传统给水处理厂	海水淡化厂	长距离输水
归属或受控于核算主体自身活动导致的直接温室气体排放	直接温室气体排放或碳汇	化石燃料直接排放：消耗的化石燃料			

范围（温室气体核算体系）	类型（ISO 14064—1：2018）	取水和输配水	传统给水处理厂	海水淡化厂	长距离输水
核算主体由于购买电力、蒸气、热/冷源导致的间接温室气体排放	间接温室气体排放——电力热力消耗	电力消耗间接排放：取水、输配水泵站运行消耗电能	电力消耗间接排放：反冲洗、曝气等处理构筑物消耗电能	电力消耗间接排放：真空泵、压滤装置等脱盐设备消耗电能	电力消耗间接排放：水泵机组消耗电能
其他因核算主体活动导致的但在其核算边界外的间接温室气体排放	间接温室气体排放——运输	运输过程间接排放：包括运输各类材料、药剂、副产物等过程导致的间接碳排放			
	间接温室气体排放——材料投入和服务	材料消耗间接排放：材料消耗，包括更换维修耗材	材料消耗间接排放：材料消耗，包含处理药剂、滤料等	材料消耗间接排放：材料消耗，包含处理药剂、滤料、膜材料等	材料消耗间接排放：材料消耗，包括更换维修耗材
	间接温室气体排放——资产和副产品处置	—	CH$_4$排放：排泥水进行厂外处置时生化反应	—	—
	间接温室气体排放——其他	—	—	—	—

5.3.2 取水设施

取水设施指从城市周边天然或人工水源地，包括地表水水源与地下水源，收集原水并输送至给水处理厂的装置与设施。取用地下水时，主要能耗为水位提升；取用地表水时，主要能耗为原水加压输送。取水设施电力消耗产生的碳排放强度核算方法见式（5-2）、式（5-3）。当以上两种类型数据获取困难时，可参考以下方法，但结果准确度差。计算如下：

$$CES_d = EI \cdot EF_d \tag{5-6}$$

式中 　CES_d——取水设施消耗购入电力产生的碳排放强度，kg CO$_2$-eq/m^3；

　　　　EI——该地区提取地下水或地表水的能源强度，kWh/m^3，见表 5-2；

　　　　EF_d——该地区电力排放因子，kg CO$_2$-eq/kWh，见附录 B.2。

各地区取水能源强度　　　　表 5-2

地下水				地表水
省份（自治区、直辖市）	能源强度（kWh/m^3）	省份（自治区、直辖市）	能源强度（kWh/m^3）	能源强度（kWh/m^3）
河北	0.53	江苏	0.36	
河南	0.3	浙江	0.43	0.2（全国平均值）
陕西	0.64	安徽	0.32	

地下水				地表水
省份 （自治区、直辖市）	能源强度 （kWh/m³）	省份 （自治区、直辖市）	能源强度 （kWh/m³）	能源强度 （kWh/m³）
山西	0.62	福建	0.4	
内蒙古	0.3	江西	0.37	
辽宁	0.21	广东	0.41	
宁夏	0.27	广西	0.34	
甘肃	0.5	海南	0.41	
湖北	0.22	重庆	0.57	
湖南	0.4	四川	0.3	0.2（全国平均值）
山东	0.47	贵州	0.36	
北京	0.44	云南	0.45	
天津	0.66	西藏	0.29	
吉林	0.35	青海	0.52	
黑龙江	0.43	新疆	0.6	
上海	0.39			

5.3.3 给水处理厂

1. 电力消耗间接排放

给水处理厂运行维护因电力消耗产生的间接碳排放量，参照一般规定执行，计算同式（5-2）、式（5-3）。

2. 材料消耗间接排放

给水处理厂运行维护因材料消耗产生的间接碳排放量，参照一般规定执行，计算同式（5-4）。

3. 运输过程间接排放

给水处理厂运行维护在运输过程中产生的间接碳排放量，参照一般规定执行，计算同式（5-5）。

4. 排泥水处置

排泥水包括沉淀池排放水和滤池反冲洗排水。我国给水处理厂产生的排泥水主要以泥沙等无机颗粒为主，有机成分较少，一般采用：调质（预处理）→浓缩→脱水→外运方式，不予考虑极少数有机物引起的碳排放；若给水源有机物含量较多，排泥水的处理与处置引起的温室气体排放主要考虑因污泥填埋造成有机物厌氧发酵产生的 CH_4 气体，计算如下：

$$CES_{CH_4-sl} = M_{ss} \cdot DOC \cdot DOC_f \cdot MCF \cdot F \cdot (1-OX) \times \frac{16}{12} \times \frac{28}{Q} \qquad (5-7)$$

式中　CES_{CH_4-sl} ——卫生填埋 CH_4 排放强度，$kg\ CO_2$-eq/m^3；

M_{ss} ——进行处理的污泥干重（以 SS 计），kg 干污泥（以 SS 计）/a；

DOC ——污泥中可降解的有机碳含量，kg C/kg 污泥；

DOC_f ——可分解的 DOC 比例，%，卫生填埋中可取 50%；

MCF —— CH_4 修正因子，可取 IPCC 推荐值（厌氧填埋），1；

F ——填埋产气中 CH_4 浓度（体积分数），可取 IPCC 推荐值，50%；

OX —— CH_4 释放前被氧化比例，可取 IPCC 推荐值，0.1（管理良好并覆盖透气材料）或 0（处理不善时）；

$\frac{16}{12}$ —— CH_4 与 C 摩尔质量比；

Q ——评价年内处理水量，给水处理厂以达标水质水量计，m^3/a；

28—— CH_4 的全球变暖潜能值，常数，$kg\ CO_2$-eq/kg CH_4。

5.3.4　海水淡化厂

1. 化石燃料直接排放

以蒸馏法原理工作的海水淡化设备，因化石燃料消耗导致的碳排放强度核算，方法为化石燃料热值与对应排放因子相乘，计算如下：

$$CES_{rl} = \sum_{i=1}^{n} (A \cdot EF_{rl,i} \cdot R_i) \qquad (5-8)$$

式中　CES_{rl} ——运行维护由化石燃料燃烧产生的碳排放强度，$kg\ CO_2$-eq/m^3；

A ——淡化单位体积海水所消耗的热能，GJ/m^3，由设备生产厂家提供；

$EF_{rl,i}$ ——第 i 种化石燃料排放因子，$kg\ CO_2$-eq/GJ，见附录 B.1；

R_i ——使用第 i 种燃料的比例；

n ——共使用 n 种化石燃料。

2. 电力消耗间接排放

海水淡化厂运行维护因电力消耗产生的间接碳排放量，参照一般规定执行，计算同式（5-2）、式（5-3）。

3. 材料消耗间接排放

海水淡化厂运行维护因材料消耗产生的间接碳排放量，参照一般规定执行，计算同式（5-4）。

4. 运输过程间接排放

海水淡化厂运行维护在运输过程中产生的间接碳排放量，参照一般规定执行，计算同式（5-5）。

5.3.5 输配水管网

输配水管网运行维护因电力消耗导致的碳排放核算，参照一般规定执行，同式（5-2）、式（5-3）。

5.3.6 长距离输水

长距离输水是当某地水资源无法满足当地长期发展需要时，通过输水工程，自其他水资源丰沛的地区输送、调取水资源的工程。长距离输水运行中消耗电能产生的间接碳排放强度核算，参照一般规定（式5-2、式5-3）执行。当以上数据类型均不可得时，可参考以下方法：方法一，使用水资源提升高度与输送距离估算碳排放强度，精确度较差；方法二，由长距离输水碳排放强度速查图直接读取，精确度最差。需要注意的是，若整个输水段并不是连续上升而有起伏时，应划分为若干连续上升段，分别计算并加和。

方法一：

$$CES_d = \sum_{i=1}^{n} \left(EI \cdot l_i + \frac{g \cdot h_i \cdot \rho}{3.6 \times 10^6 \eta_i} \right) \cdot EF_d \qquad (5-9)$$

式中　CES_d——运行维护（主要是水泵站）消耗购入电力产生的碳排放强度，kg CO_2-eq/m³；

　　　EI——长距离输水能源强度，kWh/（m³·km），当数据源不足时，可取 9.73×10^{-6} kWh/(m³·km)；

　　　EF_d——该地区电力排放因子，kg CO_2-eq/kWh，见附录B.2；

　　　l_i——长距离输水第 i 连续上升段运输距离，km；

　　　g——重力加速度，9.8m/s²；

h_i ——长距离输水第 i 连续上升段实际提升扬程，m；

ρ ——水的密度，kg/m³，取 1000kg/m³；

η_i ——长距离输水第 i 连续上升段泵机组工作效率，可取 75％～80％。

方法二：长距离输水碳排放强度速查图如图 5-2 所示，可参考图中数据进行估计。

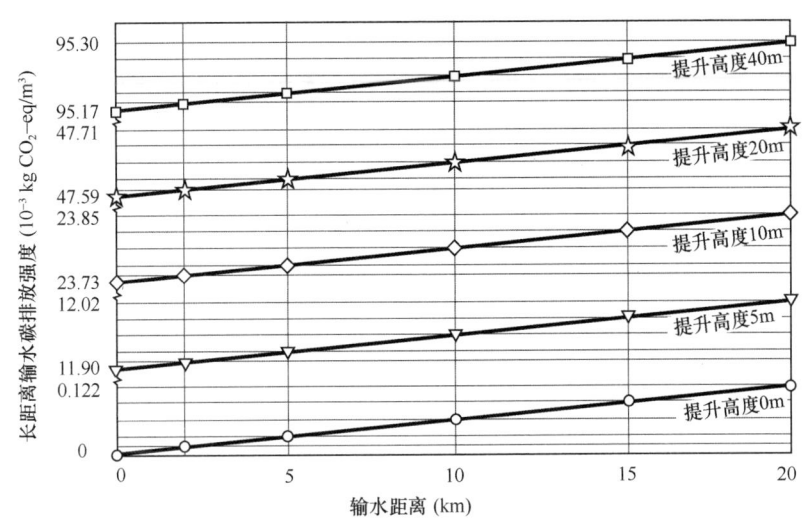

图 5-2　长距离输水碳排放强度速查图

5.4　污　水　系　统

5.4.1　核算边界

城镇污水系统是与污水收集、输送、处理、排放、副产物处置相关的全部构筑物和设施的总称，按照发挥功能不同，可分为污水管渠设施、污水处理厂和污泥处理处置 3 个模块。

污水中较高有机物浓度导致污水系统碳排放活动有其自身特点且较为复杂，因此，在污水中有机物、氮化合物完全降解前所经过的相关设施、位点都应纳入核算边界，如图 5-3 所示。污水系统碳排放核算边界覆盖自小区化粪池或其他市政污水管网接入点开始至处理达标出水排入受纳水体为止的全部处理单元，包括小区化粪池、污水管渠、提升泵站、污水处理设施和设备、能源资源回收设施以及污泥处理处置单元。具体碳排放活动和排放类型总结于表 5-3。

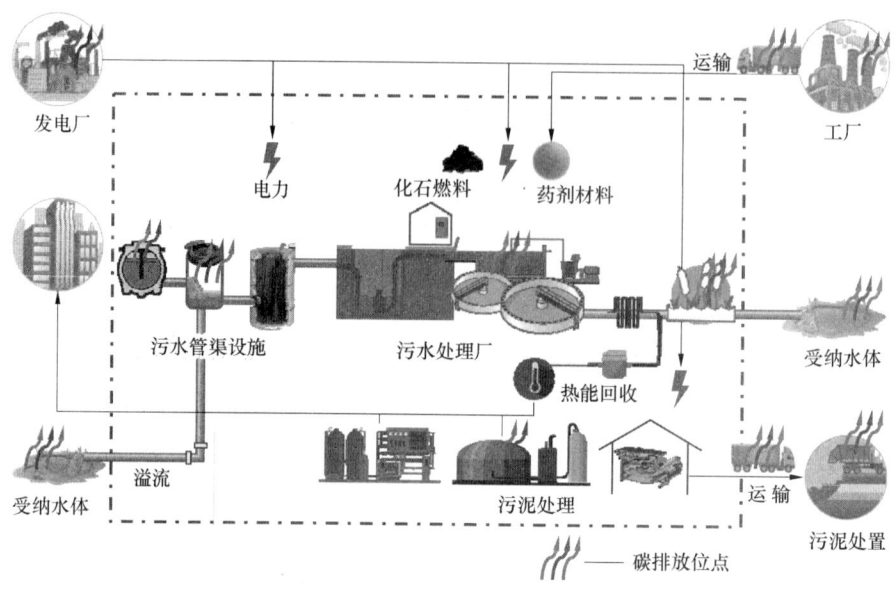

图 5-3 污水系统碳排放核算边界示意图（彩图请扫书后二维码）

污水系统碳排放活动   表 5-3

范围（温室气体核算体系）	类型（ISO 14064—1:2018）	污水管渠设施	污水处理厂	污泥处理处置
归属或受控于核算主体自身活动导致的直接温室气体排放	直接温室气体排放或碳汇	化石源 CO_2、CH_4、N_2O 排放：化粪池、排水管道中生化反应	化石源 CO_2、CH_4、N_2O 排放：各污水处理单元、外加碳源生化反应	化石源 CO_2、CH_4、N_2O 排放：厂内各污泥处理单元生化反应
		化石燃料直接排放：边界内化石燃料的消耗		
		资源/能源回收碳补偿：资源、能源回收（电能、热能、磷等）		
核算主体由于购买电力、蒸汽、热/冷源导致的间接温室气体排放	间接温室气体排放——电力消耗	电力消耗间接排放：化粪池清掏、提升泵站等消耗电能	电力消耗间接排放：水泵、格栅、曝气机等机械运行消耗电能	电力消耗间接排放：污泥泵、加热、搅拌等消耗电能
其他因核算主体活动导致的但在其核算边界外的间接温室气体排放	间接温室气体排放——运输	运输过程间接排放：包括运输各类材料、药剂、副产物等过程导致的间接碳排放		
	间接温室气体排放——材料投入和服务	材料消耗间接排放：系统运行过程投加的化学药剂或其他材料，如除磷药剂、混凝剂、消毒剂等		
	间接温室气体排放——资产和副产品处置	CH_4、N_2O 排放：合流制管道溢流（CSO）生化反应	——	化石源 CO_2、CH_4、N_2O 排放：通沟污泥、污泥厂外处置生化反应
	间接温室气体排放——其他	——	——	——

5.4.2　污水管渠设施

1. 化石源 CO_2 排放

居民产生污水中，部分有机物来源于日常使用的洗涤剂、化妆品、药物等化工产品，其由化石燃料加工而来，因此，当其降解时产生的 CO_2 气体属于化石源 CO_2，应纳入碳排放核算中。

使用污水中化石碳比例与 CO_2 产生量乘积，核算化粪池/管网系统中化石源 CO_2 排放强度。计算如下：

$$CES_{CO_2\text{-hg}} = FCF \cdot EF_{CO_2} \cdot C \cdot \left(1 - \frac{1}{1 + \eta_T t}\right) \tag{5-10}$$

$$\eta_T = \eta_{20} \cdot \varepsilon^{T-20} \tag{5-11}$$

式中　$CES_{CO_2\text{-hg}}$ ——化粪池/污水管渠化石源 CO_2 排放强度，kg CO_2-eq/m³；

$\quad\quad\quad\quad FCF$ ——化石源 CO_2 排放比例，%，可取 5%～20%，一般取 10%；

$\quad\quad\quad\quad EF_{CO_2}$ ——化粪池/管网系统 CO_2 排放因子，kg CO_2/kg COD，根据有机物厌氧反应过程，可取 0.4kg CO_2/kg COD；

$\quad\quad\quad\quad C$ ——化粪池/污水管渠内污水有机物平均浓度，即计算边界范围的初始 COD 值，以该地区进入市政污水管渠的有机物浓度平均值作为初始 COD 值，kg COD/m³；

$\quad\quad\quad\quad \eta_T$ ——化粪池/污水管渠中有机物（COD）厌氧转化率，可根据进水水质实测，在无详细数据前提下，η_T 可由（5-11）计算；

$\quad\quad\quad\quad t$ ——计算边界范围的污水平均水力停留时间，d；

$\quad\quad\quad\quad \eta_{20}$ ——有机物（COD）在 20℃下的厌氧转化率，常数，0.221；

$\quad\quad\quad\quad \varepsilon$ ——修正因子，取 1.117；

$\quad\quad\quad\quad T$ ——当地污水管渠中污水的全年平均温度，℃。

2. CH_4 排放

在污水管渠设施中，由于厌氧环境存在，污水中有机物经大量微生物共同作用，最终转化为 CH_4、CO_2、H_2O 等。有机物厌氧降解过程可以分为 4 个阶段：水解阶段、发酵（或酸化）阶段、产氢产乙酸阶段和产甲烷阶段。CH_4 主要在最后一个阶段产生，其过程由两种生理上完全不同的产甲烷菌完成，一组把 H_2 和 CO_2 转化成

CH_4，另一组从乙酸或乙酸盐脱羧产生 CH_4，前者约占总量的 1/3，后者约占 2/3。

（1）化粪池

化粪池一般为厌氧环境，将有机物转化为 CH_4 气体。根据可获取数据类型的不同，碳排放强度可参考以下两种核算方法：1）可获取化粪池进水 COD 浓度时，推荐使用排放因子法，进行碳排放核算，见方法一，其结果精确度较高；2）当信息不足时，可采用服务人口进行估算，见方法二，但结果精确度较低。计算如下：

方法一：

$$CES_{hfc} = \sum_{i=1}^{n} \left[C_i \cdot \left(1 - \frac{1}{1 + \eta_{T,i} t_i} \right) Q_{hfc,i} \right] \cdot EF_{CH_4} / Q_y \times 28 \qquad (5\text{-}12)$$

式中　CES_{hfc}——化粪池 CH_4 碳排放强度，kg CO_2-eq/m³；

　　　　C_i——第 i 座化粪池进水有机物浓度，kg COD/m³；

　　　　$\eta_{T,i}$——第 i 座化粪池有机物（COD）厌氧转化率，可根据进水水质实测，在无详细数据前提下，$\eta_{T,i}$ 可由（5-11）计算；

　　　　t_i——第 i 座化粪池污水平均水力停留时间，d；

　　　　$Q_{hfc,i}$——第 i 座化粪池单位评价年内总处理水量，m³/a；

　　　　EF_{CH_4}——化粪池 CH_4 排放因子，kg CH_4/kg COD，取 0.25kg CH_4/kg COD；

　　　　Q_y——污水管渠系统年总转输水量，m³/a；

　　　　n——共核算 n 座化粪池；

　　　　28——CH_4 的全球变暖潜能值，常数，kg CO_2-eq/kg CH_4。

方法二：

$$CES_{hfc} = \frac{EF_{PE}}{365 Q_{PE}} \qquad (5\text{-}13)$$

式中　CES_{hfc}——化粪池 CH_4 排放强度，kg CO_2-eq/m³；

　　　　EF_{PE}——化粪池 CH_4 排放当量，kg CO_2-eq/(人·a)，取 85 kg CO_2-eq/(人·a)；

　　　　Q_{PE}——人均污水排放量，m³/(人·d)，建议根据城镇规模取值，可参考《给水排水设计手册》。

（2）污水管渠

根据可获取数据类型的不同，污水管渠 CH_4 碳排放强度可参考以下两种核算方法：1）可获取污水各管段水力条件时，推荐使用水力参数经验公式，进行碳排放核算，见方法一，其结果精确度较高；2）若可获取污水管渠中 COD 浓度信息时，则可根据排放因子法进行计算，见方法二，但结果精确度较低。计算如下：

方法一：

$$CES_{CH_4} = 0.419 \times 1.05^{(T-20)} \times \sum_{i=1}^{n} \left[\frac{Q_i^{-0.74}}{(3600 \times 24)^{0.26}} \cdot D_i^{0.28} \cdot S_i^{-0.138} \cdot L_i \right] \times 28$$

$$(5\text{-}14)$$

式中　CES_{CH_4}——污水管渠 CH_4 碳排放强度，kg CO_2-eq/m^3；

T——污水管渠内污水全年平均温度，℃；

Q_i——污水管渠内第 i 段管段日平均流量，m^3/d；

D_i——污水管渠内第 i 段管段直径，m；

S_i——污水管渠内第 i 段管段坡度，m/m；

L_i——污水管渠内第 i 段管段长度，km；

28——CH_4 的 CO_2 当量，常数，kg CO_2-eq/kg CH_4；

n——共有 n 条管段。

方法二：

$$CES_{CH_4} = EF_{CH_4} \cdot C \cdot \left(1 - \frac{1}{1 + \eta_T t} \right) \times 28 \qquad (5\text{-}15)$$

$$\eta_T = \eta_{20} \varepsilon^{T-20} \qquad (5\text{-}16)$$

式中　CES_{CH_4}——污水管渠 CH_4 碳排放强度，kg CO_2-eq/m^3；

EF_{CH_4}——污水管渠 CH_4 排放因子，kg CH_4/kg COD，根据有机物厌氧反应过程，理论值取 0.25kg CH_4/kg COD；

C——污水管渠内污水有机物平均浓度，即计算边界范围的初始 COD 值，以该地区进入市政污水管渠的有机物浓度平均值作为初始 COD 值，kg COD/m^3；

η_T——污水管渠中有机物（COD）厌氧转化率，可根据进水水质实测，在无详细数据前提下，可由式（5-16）计算；

t——计算边界范围的污水平均水力停留时间，d；

28——CH_4 的全球变暖潜能值，常数，kg CO_2-eq/kg CH_4；

η_{20}——有机物（COD）在 20℃下的厌氧转化率，常数，0.221；

ε——修正因子，取 1.117；

T——当地污水管渠中污水的全年平均温度，℃。

（3）CSO 溢流

合流制管道溢流（Combined Sewer Overflow，CSO）指，在强降雨气候或融雪季等期间，城市排水量超过合流制管道或污水处理厂容量时，未经处理的雨水及污水直接排放至附近自然水体的现象。由于溢流污水中包含未经处理或部分处理的有机物等物质，因此，会在自然水体中由微生物作用产生温室气体。

CSO 溢流产生的碳排放强度以年为单位统计，核算方法为该年各次溢流事件产生碳排放量总和除以污水管渠设施全年总转输污水量，计算如下：

$$CES_{CH_4\text{-}CSO} = \sum_{i=1}^{n} (M_{O,i} \cdot Q_{CSO,i}) \cdot EF_{CH_4\text{-}CSO} \times 28/Q_y \qquad (5\text{-}17)$$

式中　$CES_{CH_4\text{-}CSO}$——合流制管道溢流 CH_4 碳排放强度，kg CO_2-eq/m³；

$M_{O,i}$——第 i 次溢流污水有机物浓度，根据实测值进行选取，kg COD/m³ 或 kg BOD_5/m³；

$Q_{CSO,i}$——第 i 次溢流污水量，m³；

$EF_{CH_4\text{-}CSO}$——溢流污水排放至水体后 CH_4 排放因子，kg CH_4/kg COD 或 kg CH_4/kg BOD_5，可采用 IPCC 推荐值，并结合受纳水体水质状况进行修正，见表 5-4；

28——CH_4 的全球变暖潜能值，常数，kg CO_2-eq/kg CH_4；

Q_y——污水管渠设施全年总转输污水量，m³/a；

n——当年共发生 n 次溢流。

合流制管道溢流或处理出水排放至自然水体后 CH_4 排放因子　　表 5-4

排放水体	CH_4 排放因子	
	kg CH_4/kg BOD_5	kg CH_4/kg COD
处理出水（排放至自然水体）[1]	0.068（0.0024～0.16）[2]	0.028（0.001～0.068）
处理出水（排放至水库、河流、入海口）	0.114（0.048～0.16）	0.048（0.02～0.068）
处理出水（排放至非水库、河流、入海口）	0.021（0.0024～0.036）	0.009（0.001～0.015）

[1] 当没有受纳水体类型信息时，可以参考该类进行取值；

[2] 可根据各省或国家生态环境保护部门发布的《生态环境状况公报》的水质状况从括号内范围进行取值，Ⅰ类水取低值、劣Ⅴ类取高值；当没有受纳水体水质状况时，可选平均值进行核算。

3. N_2O 排放

由于生活污水营养物含量较高，污水管渠上常常有细菌形成的生物膜生长，摄取并降解部分污水中的营养物质。因此，在硝化与反硝化反应中，产生了一定的 N_2O 气体。

（1）污水管渠

根据可获取数据类型的不同，污水管渠 N_2O 碳排放强度可参考以下两种核算方法：1）可获取污水管渠中污水总氮浓度时，推荐使用排放因子法，进行碳排放核算，见方法一，其结果精确度较高；2）当信息不足时，可采用服务人口进行估算，见方法二，但结果精确度较低。计算如下：

方法一：

$$CES_{N_2O} = EF_{N_2O} \cdot (TN_o - TN_e) \times \frac{22}{14} \times 265 \qquad (5-18)$$

式中　CES_{N_2O} ——污水管渠 N_2O 碳排放强度，kg CO_2-eq/m^3；

$\quad EF_{N_2O}$ ——污水管渠 N_2O 排放因子，kg N_2O-N/kg N，目前有关污水管渠 N_2O 排放探究较少，暂参考 IPCC 关于污水处理出水排入自然水体的 N_2O 排放因子，即 0.005kg N_2O-N/kg N；

$\quad TN_o$ ——计算边界范围的初始总氮平均浓度，kg N/m^3，可以该地区用户进入市政污水管渠的总氮浓度平均值作为初始总氮浓度；

$\quad TN_e$ ——计算边界范围的末端总氮平均浓度，kg N/m^3，可以污水处理厂进水处总氮浓度作为末端总氮浓度；

$\quad 265$ —— N_2O 的全球变暖潜能值，常数，kg CO_2-eq/kg N_2O；

$\quad \frac{22}{14}$ —— $\frac{1}{2}N_2O$ 与 N 分子质量比。

方法二：

$$CES_{N_2O} = \frac{EF_{N_2O,PE}}{365Q_{PE}} \times 265 \qquad (5-19)$$

式中　CES_{N_2O} ——污水管渠 N_2O 碳排放强度，kg CO_2-eq/m^3；

$\quad EF_{N_2O,PE}$ ——人均综合 N_2O 排放因子，取 $(1.5\sim3.5)\times10^{-3}$ kg N_2O/（人·a）；

$\quad Q_{PE}$ ——人均污水排放量，建议根据城镇规模取值，可参考《给水排水设计手册》，m^3/（人·a）；

$\quad 265$ —— N_2O 的全球变暖潜能值，常数，kg CO_2-eq/kg N_2O。

（2）CSO 溢流

CSO 溢流至地表水体温室气体产生的碳排放强度以年为单位统计，核算方法为该年各次溢流事件产生的碳排放量总和除以污水管渠设施全年转输污水总量，计算如下：

$$CES_{N_2O\text{-}CSO} = \sum_{i=1}^{n} (TN_{O,i} \cdot Q_{CSO,i}) \cdot EF_{N_2O\text{-}CSO} \times \frac{22}{14} \times 265/Q_y \quad (5\text{-}20)$$

式中　$CES_{N_2O\text{-}CSO}$ —— 合流制管道溢流 N_2O 碳排放强度，kg CO_2-eq/m^3；

$TN_{O,i}$ —— 第 i 次溢流污水总氮浓度，kg N/m^3，根据实测值进行选取；

$Q_{CSO,i}$ —— 第 i 次溢流污水量，m^3；

$EF_{N_2O\text{-}CSO}$ —— 溢流污水排放至水体后 N_2O 排放因子，kg N_2O-N/kg N，可采用 IPCC 推荐值，见表 5-5；

$\dfrac{22}{14}$ —— 1/2 N_2O 与 N 分子质量比；

265 —— N_2O 的全球变暖潜能值，常数，kg CO_2-eq/kg N_2O；

Q_y —— 污水管渠设施全年总转输污水量，m^3/a；

n —— 当年共发生 n 次溢流。

合流制管道溢流或处理出水排放至自然水体后 N_2O 排放因子　　表 5-5

排放水体	N_2O 排放因子（kg N_2O-N/kg N）
处理出水（排放至湖泊、海洋等自然水体）[1]	0.005 （0.0005～0.075）[2]
处理出水（排放至养分过量或缺氧的自然水体）	0.019 （0.0041～0.091）

[1] 当没有受纳水体类型信息时，可以参考该类进行取值；
[2] 可根据各省或国家生态环境保护部门发布的《生态环境状况公报》的水质状况从括号内范围进行取值，Ⅰ类水取低值、劣Ⅴ类取高值；当没有受纳水体水质状况时，可选平均值进行核算。

4. 其他排放

污水提升泵站运行维护因电力消耗导致的碳排放核算，参照一般规定执行，计算同式（5-2）、式（5-3）。

5.4.3　污水处理厂

1. 化石源 CO_2 排放

（1）污水处理

污水处理厂二级处理过程利用微生物代谢活动降解并去除污水中的污染物。污水中有机污染物（BOD_5/COD）被微生物摄取利用后，一部分被氧化为 CO_2，为微生物提供能量；一部分被微生物同化为细胞物质。同时，微生物还会发生内源呼吸，消耗体内有机物，生成 CO_2。然而，自养硝化细菌在氧化水中 NH_4^+ 时，会吸收 CO_2 作为无机碳源，在某种程度上看是一种"碳汇"，应予以扣除被吸收的 CO_2；但部分 NH_4^+ 为微生物同化所利用，不应考虑碳汇作用。上述各生化过程中排放/吸收 CO_2 结果之和就是污水处理过程中 CO_2 气体排放总量。其中，生物源 CO_2 不计入碳排放核算中。此外，若污水处理过程中，为促进微生物活动而人为向其中投入碳源时，则该部分有机物降解产生的 CO_2 应当计入化石源 CO_2。因此，使用污水中化石碳比例与总 CO_2 产生量乘积，核算其中化石源 CO_2 排放强度，计算如下：

$$CES_{CO_2\text{-ww}} = MFCF \cdot \left\{ \left[1.1(B_{in} + B_{ex} - B_{eff}) \times \left(1.47 - 1.42 \right.\right.\right.$$
$$\left.\left. \times \frac{0.67}{1 + K_d \cdot SRT} \right) \right] + (1.947HRT \cdot MLVSS \cdot K_d) - 4.49$$
$$\times \left[(TKN_{in} - TKN_{eff}) - (B_{in} + B_{ex} - B_{eff}) \right. \tag{5-21}$$
$$\left.\left. \times \left(\frac{0.67}{1 + K_d \cdot SRT} \right) \times 0.124 \right] \right\} \times 10^{-3}$$

$$MFCF = \frac{FCF \cdot B_{in} + B_{ex}}{B_{in} + B_{ex}} \tag{5-22}$$

$$K_d = 0.05 \times 1.04^{T_b - 20} \tag{5-23}$$

式中　$CES_{CO_2\text{-ww}}$ ——污水处理化石源 CO_2 排放强度，kg CO_2-cq/m³；

$MFCF$ ——化石源 CO_2 排放比例，%，可由式（5-22）计算；

1.1 ——BOD_5 矿化产生 CO_2 产量；

B_{in} ——污水处理厂平均进水 BOD_5 浓度，mg BOD_5/L；

B_{ex} ——运行过程中人为投加的额外碳源，mg BOD_5/L；

B_{eff} ——污水处理厂平均出水 BOD_5 浓度，mg BOD_5/L；

1.47 ——实际 BOD 浓度与检测 BOD_5 浓度比；

1.42 ——微生物细胞 BOD_5 当量，kg BOD_5/kg MLVSS；

0.67 ——绝对产率系数，kg MLVSS/kg BOD_5；

K_d ——衰减系数，d⁻¹，可由式（5-23）计算；

SRT ——生物固体平均停留时间，d；

1.947 ——污泥内源呼吸 CO_2 产率，kg CO_2/kg MLVSS；

HRT ——生物反应池水力停留时间，d；

$MLVSS$ ——生物池混合液挥发性悬浮固体平均浓度，mg MLVSS/L；

4.49——单位质量氨氮硝化固定的 CO_2 质量，kg CO_2/kg NH_4^+-N；

TKN_{in}——污水处理厂平均进水总凯氏氮浓度，mg N/L；

TKN_{eff}——污水处理厂平均出水总凯氏氮浓度，mg N/L；

0.124——微生物（$C_5H_7O_2N$）体内含 N 质量比；

FCF——污水处理厂进水中化石源有机物比例，%，可取 5%～20%，一般取 10%；

T_b——水温，℃。

（2）人工湿地

人工湿地利用植物、土壤及微生物活动的自然过程来提高出水的水质。其中，被降解的部分有机物来源于污水中化石碳，则该部分 CO_2 应纳入核算。一般采用系数法，计算如下：

$$CES_{CO_2\text{-}wl} = MFCF \cdot \left(\frac{1.1B'_{in}}{44 \times 10^3} - \frac{CES_{CH_4\text{-}wl}}{28 \times 16} \right) \times 44 \quad （5\text{-}24）$$

式中 $CES_{CO_2\text{-}wl}$——人工湿地化石源 CO_2 排放强度，kg CO_2-eq/m³；

$MFCF$——化石源 CO_2 排放比例，%，可由式（5-22）计算；

1.1——单位质量 BOD_5 完全矿化产生的 CO_2 产量；

B'_{in}——人工湿地平均进水 BOD_5 浓度，mg BOD_5/L；

44——CO_2 摩尔质量，常数，g/mol；

28——CH_4 的全球变暖潜能值，常数，kg CO_2-eq/kg CH_4；

16——CH_4 摩尔质量，常数，g/mol；

$CES_{CH_4\text{-}wl}$——人工湿地 CH_4 排放强度，kg CO_2-eq/m³，见式（5-26）。

2. CH_4 排放

（1）污水处理

目前，污水处理厂污水处理典型流程包括格栅、沉砂池、初沉池、生物池、二沉池及深度处理单元。从现有设计运行水平来看，污水处理所涉及的处理单元均存在形成厌氧环境的可能，继而在生物作用下生成并释放 CH_4（沉砂池释放的 CH_4 可能来自于进水溶解部分）。若污水处理厂通过回收或处理去除了部分 CH_4 气体，则应予以扣除。污水处理 CH_4 释放量核算一般采用排放系数法将污水处理作为整体进行核算。《IPCC 2006 年国家温室气体清单指南》（2019 修订版）提供了污水处理 CH_4 排放核算公式，并基于文献数据整理出对应排放因子，但由于数据信息不足，导致所提供公式中活动数据和排放因子并不一致（详见附录 B.6）。故此，本指南对 IPCC 所提供公式进行了修正，并对排放因子进行了更新。需要说明的是，IPCC 所提供的公式更加科学（详见附录 B.6），但由于排放因子不对应导致计算结果不确定性较大，在排放因子未修正前，本指南推荐采用如下核算公式（不包含污泥厌氧消化 CH_4 产生的泄露量）：

$$CES_{CH_4\text{-}ww} = (B_{in} \cdot EF_{CH_4\text{-}ww} \times 10^{-3} - M_{CH_4\text{-}T}) \times 28 \quad (5\text{-}25)$$

式中 $CES_{CH_4\text{-}ww}$ ——污水处理单元 CH_4 排放强度，$kg\ CO_2\text{-}eq/m^3$；

         B_{in} ——污水处理厂平均进水 BOD_5 浓度，$mg\ BOD_5/L$；

         $EF_{CH_4\text{-}ww}$ ——污水处理单元 CH_4 排放因子，$kg\ CH_4/kg\ BOD_5$，见表 5-6（可根据应用场景选用综合排放因子或不同工艺排放因子）；

         $M_{CH_4\text{-}T}$ ——回收或处理去除的 CH_4 气体量，$kg\ CH_4/m^3$；

         28——CH_4 的全球变暖潜能值，常数，$kg\ CO_2\text{-}eq/kg\ CH_4$。

污水处理工艺 CH_4 排放因子   表 5-6

处理工艺	CH_4 排放因子（$kg\ CH_4/kg\ BOD_5$）
综合排放因子	
常规活性污泥处理工艺[1]	0.0121（0.000336～0.048）（国际）
	0.0036（0.000336～0.0177）（国内）
厌氧式反应器（如，UASB 等）[2]	0.48
厌氧塘	0.5
氧化塘	0.125
曝气好氧塘	0.018
不同活性污泥生物处理工艺排放因子	
AAO	0.0142（7）[3]
AO	0.0083（7）
氧化沟	0.0096（4）
SBR	0.0100（3）
曝气池	0.0152（6）

[1] 详见附录 B.6，括号中数字为最小值和最大值；

[2] 参考《IPCC 2006 年国家温室气体清单指南》（2019 修订版）；

[3] 括号中数字表示参考数据量，详见附录 B.6。

（2）人工湿地

人工湿地利用植物、土壤及微生物活动的自然过程来提高处理出水水质。由于其中厌氧环境会产生一定量的 CH_4 气体，可使用系数法，计算如下：

$$CES_{CH_4\text{-}wl} = B'_{in} \cdot EF_{CH_4\text{-}wl} \times 28 \times 10^{-3} \quad (5\text{-}26)$$

式中 CES_{CH_4-wl}——人工湿地 CH_4 排放强度，kg CO_2-eq/m³；

B'_{in}——人工湿地平均进水 BOD_5 浓度，mg BOD_5/L；

EF_{CH_4-wl}——人工湿地中 CH_4 排放因子，kg CH_4/kg BOD_5，可采用 IPCC 推荐值，见表 5-7；

28——CH_4 的全球变暖潜能值，常数，kg CO_2-eq/kg CH_4。

人工湿地 CH_4 排放因子（IPCC 推荐值） 表 5-7

类型	CH_4 排放因子			
	kg CH_4/kg BOD_5		kg CH_4/kg COD	
	默认值	范围	默认值	范围
表面流湿地	0.24	0.048～0.42	0.1	0.02～0.175
水平潜流湿地	0.06	0.042～0.078	0.025	0.0175～0.0325
垂直潜流湿地	0.006	0.0024～0.0096	0.0025	0.001～0.004

（3）受纳水体

经处理后的出水，仍含有少量有机物。当其排入受纳水体后，在厌氧环境下，可能会产生 CH_4 气体，因而造成直接碳排放。可采用排放因子法估算，计算如下：

$$CES_{CH_4-re} = B''_{in} \cdot EF_{CH_4-re} \times 28 \times 10^{-3} \qquad (5-27)$$

式中 CES_{CH_4-re}——受纳水体 CH_4 排放强度，kg CO_2-eq/m³；

B''_{in}——排入受纳水体的平均处理出水 BOD_5 浓度，mg BOD_5/L；

EF_{CH_4-re}——受纳水体中 CH_4 排放因子，kg CH_4/kg BOD_5，可采用 IPCC 推荐值，见表 5-4；

28——CH_4 的全球变暖潜能值，常数，kg CO_2-eq/kg CH_4。

3. N_2O 排放

（1）污水处理

在污水处理厂二级处理工艺中，利用微生物的代谢作用，处理降解含氮污染物至 N_2，并释放于大气中。然而，在污水处理厂实际运行中，硝化与反硝化过程通常反应不彻底，从而产生中间产物 N_2O，释放于大气。当处理厂通过回收或处理去除部分 N_2O 气体时，应予以扣除。一般可采用系数法进行计算，计算如下：

$$CES_{N_2O-ww} = (TN_{in} \cdot EF_{N_2O-ww} \times 22/14 \times 10^{-3} - M_{N_2O-T}) \times 265 \qquad (5-28)$$

式中 CES_{N_2O-ww}——污水处理 N_2O 排放强度，kg CO_2-eq/m³；

TN_{in}——污水处理厂平均进水总氮浓度，mg N/L；

$EF_{N_2O\text{-}ww}$——生物处理污水过程中 N_2O 排放因子，kg N_2O-N/kg N，见表 5-8（可根据应用场景选用综合排放因子或不同工艺排放因子）；

$M_{N_2O\text{-}T}$——回收或处理去除的 N_2O 气体量，kg N_2O/m^3；

22/14——$1/2N_2O$ 与 N 分子质量比；

265——N_2O 的全球变暖潜能值，常数，kg CO_2-eq/kg N_2O。

污水处理工艺 N_2O 排放因子　　　　　　　　　　表 5-8

处理工艺	N_2O 排放因子（kg N_2O-N/kg N）
综合排放因子	
好氧活性污泥处理工艺[1]	0.0093（国际）
	0.0106（国内）
厌氧式反应器（如，UASB 等）[2]	0
厌氧塘[2]	0
氧化塘[2]	0～0.001
曝气好氧塘[2]	0～0.001
不同活性污泥生物处理工艺排放因子	
AAO	0.00466（9）[3]
AO	0.00680（27）
氧化沟	0.00641（13）
SBR	0.02020（11）
曝气池	0.00166（10）
短程硝化-厌氧氨氧化	0.02000（1）
好氧颗粒污泥	0.00330（1）

[1] 详见附录 B.7；
[2] 参考《IPCC 2006 年国家温室气体清单指南》（2019 修订版）；
[3] 括号中数字表示参考数据量，详见附录 B.7。

（2）人工湿地

人工湿地使用植物、土壤及微生物活动的自然过程，进一步提高处理出水的水质，但其中有 N_2O 产生，一般可采用系数法，计算如下：

$$CES_{N_2O\text{-}wl} = TN'_{eff} \cdot EF_{N_2O\text{-}wl} \times 22/14 \times 265 \times 10^{-3} \qquad (5\text{-}29)$$

式中　$CES_{N_2O\text{-}wl}$——人工湿地 N_2O 排放强度，kg CO_2-eq/m^3；

TN'_{eff}——人工湿地平均进水氮浓度，mg N/L；

$EF_{N_2O\text{-}wl}$——人工湿地 N_2O 排放因子，kg N_2O-N/kg N，可采用 IPCC 推荐值，见表 5-9；

22/14——$1/2N_2O$ 与 N 分子质量比；

265——N_2O 的全球变暖潜能值，常数，$kg\ CO_2\text{-eq}/kg\ N_2O$。

人工湿地 N_2O 排放因子（IPCC 推荐值）　　　　表 5-9

类型	默认值 （$kg\ N_2O\text{-N}/kg\ N$）
表面流湿地	0.0013
水平潜流湿地	0.0079
垂直潜流湿地	0.00023

（3）受纳水体

经处理后的出水，仍含有少量的含氮化合物。当其排入受纳水体后，在微生物的生化作用下，将产生 N_2O 气体，因而造成直接碳排放。可采用排放因子法估算，计算如下：

$$CES_{N_2O\text{-re}} = TN''_{eff} \cdot EF_{N_2O\text{-re}} \times 22/14 \times 265 \times 10^{-3} \qquad (5\text{-}30)$$

式中　$CES_{N_2O\text{-re}}$——受纳水体 N_2O 排放强度，$kg\ CO_2\text{-eq}/m^3$；

TN''_{eff}——排入受纳水体处理平均出水总氮浓度，$mg\ N/L$；

$EF_{N_2O\text{-re}}$——受纳水体中 N_2O 排放因子，$kg\ N_2O\text{-N}/kg\ N$，可采用 IPCC 推荐值，见表 5-5；

22/14——$1/2N_2O$ 与 N 分子质量比；

265——N_2O 的全球变暖潜能，常数，$kg\ CO_2\text{-eq}/kg\ N_2O$。

4. 其他排放

（1）化石燃料燃烧直接排放

污水处理构筑物运行维护因化石燃料燃烧产生的碳排放量，参照一般规定执行，计算同式（5-1）。

（2）电力消耗间接排放

污水处理构筑物运行维护因电力消耗产生的间接碳排放量，参照一般规定执行，计算同式（5-2）、式（5-3）。

（3）材料消耗间接排放

污水处理构筑物运行维护因材料消耗产生的间接碳排放量，参照一般规定执行，计算同式（5-4）。

（4）运输过程间接排放

污水处理厂运行维护在运输过程中产生的间接碳排放量，参照一般规定执行，计算同式（5-5）。

5.资源/能源回收碳补偿

（1）能源回收碳补偿

生活污水中蕴含丰富的能量，采取合理措施可将其进行回收，如厌氧消化—热电联产（CHP）回收化学能、水源热泵回收热能等。当回收的能源向厂区外输出时，该部分能源即被认为产生碳补偿，计算如下：

$$CSS_e = E_{cs-d} \cdot EF_d / Q_{in} \tag{5-31}$$

式中　CSS_e——电能回收碳补偿，kg CO_2-eq/m^3；

E_{cs-d}——评价年内可向污水处理厂外输出的总电能，kWh/a；

EF_d——该地区电力排放因子，kg CO_2-eq/kWh，见附录 B.2；

Q_{in}——评价年内生活污水处理总量，m^3/a。

$$CSS_h = E_{cs-h} \cdot EF_h / Q_{in} \tag{5-32}$$

式中　CSS_h——热能回收碳补偿，kg CO_2-eq/m^3；

E_{cs-h}——评价年内向污水处理厂外输出的热能，GJ/a；

EF_h——化石燃料排放因子，kg CO_2/GJ，见附录 B.1；

Q_{in}——评价年内生活污水处理总量，m^3/a。

（2）资源回收碳补偿

生活污水及剩余污泥中存在着丰富资源，采取合理方法可进行资源回收，如：采取鸟粪石、蓝铁矿等方法回收磷资源；自剩余污泥中回收胞外聚合物（EPS）等。计算如下：

$$CSS_{re} = \sum_{i=1}^{n} (M_{re,i} \cdot EF_{re,i}) / Q_{in} \tag{5-33}$$

式中　CSS_{re}——资源回收碳补偿，kg CO_2-eq/m^3；

n——评价年内共回收 n 种产品；

$M_{re,i}$——评价年内第 i 种回收产品总量，kg/a，应根据回收产品的实际用途合理折算其可替代的工业产品总量，考虑污水处理厂回收产品种类繁多，不提供特定的产品折算方法；

$EF_{re,i}$——第 i 种产品生产排放因子，kg CO_2/kg；

Q_{in}——评价年内生活污水处理总量，m^3/a。

（3）其他碳汇

污水处理厂中可能采用人工湿地等利用植物净化水质的构筑物，其植物光合作用可吸收固定一定的 CO_2，因而产生碳汇。计算如下：

$$CSS_{zb} = EF_{zb} \cdot S_{zb} \qquad (5-34)$$

式中　CSS_{zb}——植被固碳量，kg CO_2-eq；

　　　EF_{zb}——植被固碳因子，kg CO_2-eq/m²，见附录 B. 8；

　　　S_{zb}——植物覆盖面积，m²。

5.4.4　污泥处理处置

1. 化石源 CO_2 排放

（1）厌氧消化

污水处理厂采用厌氧消化工艺处理剩余污泥时，其中有机物在微生物作用下消化最终产生 CO_2 与 CH_4 气体。而 CH_4 气体经收集并燃烧后，所产生的 CO_2 气体也应归属于厌氧消化过程。其中，部分有机物为污水中化石源有机物经微生物摄取而来，其消化后产生沼气为化石源。因此，该部分化石源 CO_2 与 CH_4 燃烧后生成的化石源 CO_2，均应计入核算。考虑到实际工作中面对不同情况，本指南提供两种核算方法：1）可根据污泥厌氧前后物质变化进行质量衡算，见方法一；2）当可获取实际工作中采集的甲烷产量时，可以此计算，见方法二。计算如下：

方法一：

$$CES_{CO_2\text{-ad}} = MFCF \cdot \left[(1-P) \times \frac{44F_{CH_4}}{44 - 28F_{CH_4}} + \frac{44 - 44F_{CH_4}}{44 - 28F_{CH_4}} \right] \cdot \qquad (5\text{-}35)$$
$$Q_{ss} \cdot (VSS_{o\text{-ad}} - VSS_{e\text{-ad}})/Q_{in}$$

式中　$CES_{CO_2\text{-ad}}$——厌氧消化化石源 CO_2 排放强度，kg CO_2-eq/m³；

　　　$MFCF$——化石源 CO_2 排放比例，%，可由式（5-22）计算；

　　　P——沼气泄露比例，%，可采用 IPCC 推荐值，见表 5-10；

　　　44——CO_2 摩尔质量，常数，g/mol；

　　　F_{CH_4}——沼气中 CH_4 所占体积比例，%；

　　　28——CH_4 的全球变暖潜能值，常数，kg CO_2-eq/kg CH_4；

　　　Q_{ss}——污水处理厂评价年内产出剩余污泥总量，m³/a；

　　　$VSS_{o\text{-ad}}$——厌氧消化池进泥 VSS，kg/m³；

$VSS_{\text{e-ad}}$ ——厌氧消化池出泥 VSS，kg/m^3；

Q_{in} ——评价年内生活污水处理总量，m^3/a。

方法二：

$$CES_{CO_2\text{-ad}} = \frac{MFCF \cdot M_{zq}}{(1-P)V_m \cdot Q_{in}} \times 44 \tag{5-36}$$

式中　$CES_{CO_2\text{-ad}}$ ——厌氧消化 CH_4 排放强度，$kg\ CO_2\text{-eq}/m^3$；

$MFCF$ ——化石源 CO_2 排放比例，%，可由式（5-22）计算；

M_{zq} ——评价年内可收集到的沼气总量，m^3/a；

V_m ——气体摩尔体积，L/mol，标准状态（0 ℃、100kPa）为 22.4L/mol；

P ——沼气泄露比例，%，可采用 IPCC 推荐值，见表 5-10；

Q_{in} ——评价年内生活污水处理总量，m^3/a；

44 —— CO_2 摩尔质量，常数，g/mol。

厌氧消化池沼气泄露比例（IPCC 推荐值）　　　　表 5-10

消化池设备质量	运行条件	沼气平均泄露比例
优质	气密性良好	1.00%
	气密性不佳	1.41%
不佳	气密性良好	9.59%
	气密性不佳	10.00%

（2）好氧堆肥

采用好氧堆肥方法处理污水处理厂剩余污泥过程中，通风效果良好，其中有机物可降解并完全氧化为 CO_2，采用质量衡算方法计算。其中，部分有机物可溯源至污水中化石源污染物，则其降解产生化石源 CO_2，应计入核算，计算如下：

$$CES_{CO_2\text{-c}} = MFCF \cdot M_{ss} \cdot DOC \cdot DOC_f \times \frac{44}{12} \times \frac{1}{Q_{in}} \tag{5-37}$$

式中　$CES_{CO_2\text{-c}}$ ——好氧堆肥化石源 CO_2 排放强度，$kg\ CO_2\text{-eq}/m^3$；

$MFCF$ ——化石源 CO_2 排放比例，%，可由式（5-22）计算；

M_{ss} ——进行处理的污泥干重（以 SS 计），kg 干污泥（以 SS 计）$/a$；

DOC ——污泥中可降解有机碳含量，$kg\ C/kg$ 干污泥；

DOC_f ——可分解的 DOC 比例，%；

$\dfrac{44}{12}$ —— CO_2 与 C 分子质量比；

Q_{in} —— 评价年内生活污水处理总量，m^3/a。

（3）卫生填埋

采用卫生填埋方法处置污水管渠设施通沟污泥或污水处理厂脱水剩余污泥过程中，由于环境中氧气不足，其有机物将降解产生 CO_2 与 CH_4，可使用质量衡算法进行计算。其中，部分有机物可溯源至污水中化石源污染物，则其降解产生化石源 CO_2，应计入核算，计算如下：

$$CES_{CO_2\text{-}sl} = MFCF \cdot M_{ss} \cdot DOC \cdot DOC_f(1 - MCF \cdot F) \times \frac{44}{12} \times \frac{1}{Q_{in}} \quad (5\text{-}38)$$

式中　　$CES_{CO_2\text{-}sl}$ —— 卫生填埋化石源 CO_2 排放强度，$kg\ CO_2\text{-eq}/m^3$；

　　　　$MFCF$ —— 化石源 CO_2 排放比例，%，可由式（5-22）计算；

　　　　M_{ss} —— 进行处理的污泥干重（以 SS 计），kg 干污泥（以 SS 计）$/a$；

　　　　DOC —— 污泥中可降解有机碳含量，$kg\ C/kg$ 干污泥；

　　　　DOC_f —— 可分解的 DOC 比例，%，卫生填埋中可取 50%；

　　　　MCF —— CH_4 修正因子，厌氧填埋时可取 1；

　　　　F —— 填埋气中 CH_4 比例，可采用 IPCC 推荐值，50%；

　　　　$\frac{44}{12}$ —— CO_2 与 C 分子质量比；

　　　　Q_{in} —— 通沟污泥以评价年内污水管渠设施转输污水量计，污水处理厂以评价年内污水处理总量计，m^3/a。

（4）污泥焚烧

采用焚烧方法处理污水处理厂剩余污泥过程中，在高温环境中可将污泥中有机物完全氧化至生成 CO_2，可使用质量衡算法进行计算。其中，部分有机物可溯源至污水中化石源污染物，则其降解产生化石源 CO_2，应计入核算，计算如下：

$$CES_{CO_2\text{-in}} = MFCF \cdot M_{ss} \cdot CF \cdot OF \times \frac{44}{12} \times \frac{1}{Q_{in}} \quad (5\text{-}39)$$

式中　　$CES_{CO_2\text{-in}}$ —— 污泥焚烧化石源 CO_2 排放强度，$kg\ CO_2\text{-eq}/m^3$；

　　　　$MFCF$ —— 化石源 CO_2 排放比例，%，可由式（5-22）计算；

　　　　M_{ss} —— 进行处理的污泥干重（以 SS 计），kg 干污泥（以 SS 计）$/a$；

　　　　CF —— 干物质中含碳比例，%；

　　　　OF —— 氧化因子，%，在管理良好的焚烧炉中进行焚烧时可取 100%；

　　　　$\frac{44}{12}$ —— CO_2 与 C 分子质量比；

　　　　　　Q_{in} ——评价年内生活污水处理总量，m^3/a。

2. CH_4 排放

（1）厌氧消化

采用厌氧消化工艺处理污水管渠设施通沟污泥或污水处理厂剩余污泥过程中，污泥中有机物在微生物作用下最终厌氧消化产生 CO_2 与 CH_4 气体。在收集沼气时，一般难免会出现部分 CH_4 泄露，逸散至大气中。因此，该部分泄露 CH_4 应予以核算，可使用质量衡算法进行计算。考虑到实际工作中面对不同情况，本指南提供两种核算方法：1）可使用剩余污泥产甲烷潜力进行理论计算，见方法一；2）当可获取实际工作中采集的甲烷产量时，可以以此计算，见方法二。计算如下：

方法一：

$$CES_{CH_4\text{-}ad} = P \cdot \left[Q_{ss} \cdot (VSS_{o\text{-}ad} - VSS_{e\text{-}ad}) \cdot \frac{16F_{CH_4}}{44 - 28F_{CH_4}} \right] / Q_{in} \times 28 \quad (5\text{-}40)$$

式中　$CES_{CH_4\text{-}ad}$ ——厌氧消化 CH_4 排放强度，$kg\ CO_2\text{-}eq/m^3$；

　　　　P ——沼气泄露比例，%，可采用 IPCC 推荐值，见表 5-10；

　　　　Q_{ss} ——评价年内污水处理厂产出剩余污泥总量，m^3/a；

　　　　$VSS_{o\text{-}ad}$ ——厌氧消化池进泥 VSS，kg/m^3；

　　　　$VSS_{e\text{-}ad}$ ——厌氧消化池出泥 VSS，kg/m^3；

　　　　44——CO_2 摩尔质量，常数，g/mol；

　　　　28——CH_4 的全球变暖潜能值，常数，$kg\ CO_2\text{-}eq/kg\ CH_4$；

　　　　16——CH_4 摩尔质量，常数，g/mol；

　　　　F_{CH_4} ——沼气中 CH_4 所占体积比例，%；

　　　　Q_{in} ——评价年内生活污水处理总量，m^3/a。

方法二：

$$CES_{CH_4\text{-}ad} = M_{zq} \cdot F_{CH_4} / V_m \cdot P / (1-P) / Q_{in} \times 16 \times 28 \quad (5\text{-}41)$$

式中　$CES_{CH_4\text{-}ad}$ ——厌氧消化 CH_4 排放强度，$kg\ CO_2\text{-}eq/m^3$；

　　　　M_{zq} ——评价年内可收集到的沼气总量，m^3/a；

　　　　F_{CH_4} ——沼气中 CH_4 所占体积比例，%；

　　　　V_m ——气体摩尔体积，L/mol，标准状态（0℃、100kPa）为 22.4L/mol；

　　　　P ——沼气泄露比例，%，可采用 IPCC 推荐值，见表 5-10；

　　　　Q_{in} ——评价年内生活污水处理总量，m^3/a；

16——CH_4 摩尔质量，常数，g/mol；

28——CH_4 的全球变暖潜能值，常数，kg CO_2-eq/kg CH_4。

（2）卫生填埋

采用卫生填埋方法处理污水处理厂剩余污泥时，由于环境缺乏氧气，有机物经常会发生厌氧反应，产生 CH_4 与 CO_2，最终产生 CO_2 与 CH_4 气体。若填埋场的管理良好，填埋污泥顶部还覆盖其他透气材料（如，土壤等），则部分 CH_4 在释放前将在透气材料中被微生物所氧化，因而应被排除计算。可使用质量衡算法进行计算，计算如下：

$$CES_{CH_4\text{-}sl} = M_{ss} \cdot DOC \cdot DOC_f \cdot MCF \cdot F \times (1 - OX) \times \frac{16}{12} \times \frac{1}{Q_{in}} \times 28$$

$$(5-42)$$

式中　$CES_{CH_4\text{-}sl}$ ——卫生填埋 CH_4 排放强度，kg CO_2-eq/m³；

M_{ss} ——进行处理的污泥干重（以 SS 计），kg 干污泥（以 SS 计）/a；

DOC ——污泥中可降解有机碳含量，kg C/kg 干污泥；

DOC_f ——可分解的 DOC 比例，%，卫生填埋中可取 50%；

MCF ——CH_4 修正因子，可取 IPCC 推荐值（厌氧填埋），1；

F ——填埋产气中 CH_4 浓度（体积分数），可取 IPCC 推荐值，50%；

OX ——CH_4 释放前被氧化比例，可取 IPCC 推荐值，0.1（管理良好并覆盖透气材料时）或 0（处理不善时）；

$\frac{16}{12}$ ——CH_4 与 C 分子质量比；

Q_{in} ——通沟污泥以评价年内污水管渠设施转输污水量计，污水处理厂污泥以评价年内污水处理总量计，m³/a；

28——CH_4 的全球变暖潜能值，常数，kg CO_2-eq/kg CH_4。

（3）土地利用

采用土地利用法处理污水处理厂剩余污泥时，由于存在于厌氧环境，有机物会发生厌氧反应，生成 CH_4 气体，造成直接碳排放，一般使用系数法，计算见式（5-43）；另外，污泥土地利用并不仅是一种污泥处置方式，更是一种污泥资源化路径，其含有的 N 和 P 可供给植物或作物生长，从而相应减少化肥的使用，实现碳补偿，计算参考式（5-33）：

$$CES_{CH_4\text{-}la} = EF_{CH_4\text{-}la} \cdot M_{ss}/Q_{in} \times 28 \tag{5-43}$$

式中　$CES_{CH_4\text{-}la}$——土地利用 CH_4 排放强度，kg CO_2-eq/m^3；

$EF_{CH_4\text{-}la}$——污泥土地利用中 CH_4 排放因子，kg CH_4/kg 干污泥，可采用 IPCC 推荐值，0.00318 kg CH_4/kg 干污泥；

M_{ss}——进行处理的污泥干重（以 SS 计），kg 干污泥（以 SS 计）/a；

Q_{in}——评价年内生活污水处理总量，m^3/a；

28——CH_4 的全球变暖潜能值，常数，kg CO_2-eq/kg CH_4。

3. N_2O 排放

（1）好氧堆肥

使用好氧堆肥方法处理污水处理厂剩余污泥过程中，通风效果良好，含氮有机物降解将产生中间产物 N_2O，一般可采用系数法进行计算，计算如下：

$$CES_{N_2O\text{-}c} = M'_{ss} \cdot EF_{N_2O\text{-}c}/Q_{in} \times 265 \tag{5-44}$$

式中　$CES_{N_2O\text{-}c}$——好氧堆肥 N_2O 排放强度，kg CO_2-eq/m^3；

M'_{ss}——进行处理的污泥干重（以 SS 计），kg 干污泥（以 SS 计）/a；

$EF_{N_2O\text{-}c}$——堆肥中 N_2O 排放因子，kg N_2O/kg 污泥，可采用 IPCC 推荐值，$0.2 \times 10^{-3} \sim 1.6 \times 10^{-3}$ kg N_2O/kg 干污泥及 $0.06 \times 10^{-3} \sim 0.6 \times 10^{-3}$ kg N_2O/kg 湿污泥；

Q_{in}——评价年内生活污水处理总量，m^3/a；

265——N_2O 的全球变暖潜能值，常数，kg CO_2-eq/kg N_2O。

（2）污泥焚烧

使用焚烧处理污水处理厂剩余污泥过程中，在高温环境中，污泥有机物将完全氧化。其中含氮有机物氧化将产生包括 N_2O 在内的多种氮氧化物，一般可采用系数法进行计算，计算如下：

$$CES_{N_2O\text{-}in} = M_{ss} \cdot EF_{N_2O\text{-}in}/Q_{in} \times 265 \times 10^{-3} \tag{5-45}$$

式中　$CES_{N_2O\text{-}in}$——污泥焚烧 N_2O 排放强度，kg CO_2-eq/m^3；

M_{ss}——评价年内进行处理的污泥干重（以 SS 计），kg 干污泥（以 SS 计）/a；

$EF_{N_2O\text{-}in}$——污泥焚烧中 N_2O 排放因子，kg N_2O/t 干污泥（以 SS 计），可采用 IPCC 推荐值，0.99kg N_2O/t 干污泥（以 SS 计）；

Q_{in}——评价年内生活污水处理总量，m^3/a；

265——N_2O 的全球变暖潜能值，常数，$kg\ CO_2\text{-}eq/kg\ N_2O$。

5.5 再生水系统

5.5.1 核算边界

再生水系统主要指为使污水处理厂出水满足不同回用水质要求经过的水处理系统，以及将处理水输送至用户的输配水管网设施的总称。

如图 5-4 所示，再生水系统碳排放核算物理边界覆盖自污水处理厂出水起、至用户为止的全部相关设施单元，包括再生水厂中各种处理设施和单元以及输配管网和泵站。具体碳排放活动和排放类型总结于表 5-11。

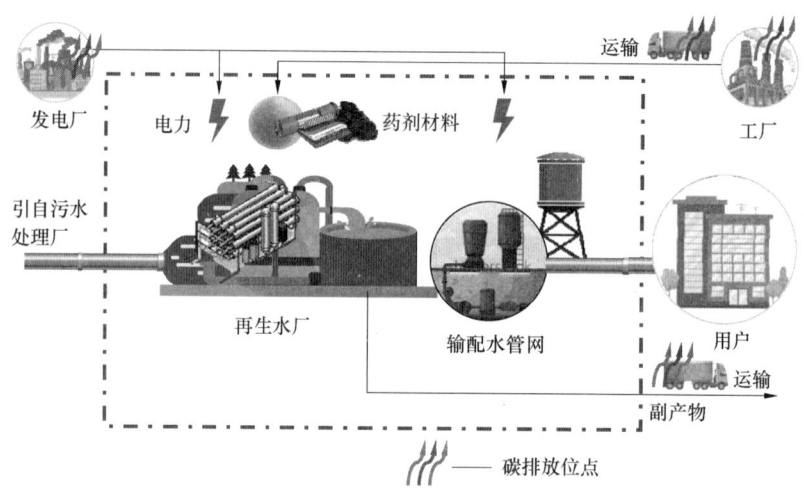

图 5-4 再生水系统碳排放核算边界图（彩图请扫书后二维码）

再生水系统碳排放活动　　　表 5-11

范围（温室气体核算体系）	类型（ISO 14064—1：2018）	再生水厂	输配水管网
归属或受控于核算主体自身活动导致的直接温室气体排放	直接温室气体排放或碳汇	化石燃料直接排放：化石燃料消耗	—
由于购买电力、蒸汽、热/冷源导致的间接温室气体排放	间接温室气体排放——电力消耗	电力消耗间接排放：处理构筑物消耗电能	电力消耗间接排放：输配水泵站运行消耗电能

范围（温室气体核算体系）	类型（ISO 14064—1：2018）	再生水厂	输配水管网
其他因核算主体活动导致的但在其核算边界外的间接温室气体排放	间接温室气体排放——运输	运输过程间接排放：包括运输各类材料、药剂、废物导致的间接碳排放	
	间接温室气体排放——材料投入和服务	材料消耗间接排放：材料消耗，包含处理药剂、滤料等	材料消耗间接排放：材料消耗，包括更换维修耗材
	间接温室气体排放——资产和副产品处置	CH_4 排放：排泥水厂外处置生化反应	—
	间接温室气体排放——其他	—	—

5.5.2　再生水厂

再生水厂主要以二级处理出水为水源，将其净化处理后用于地下水回灌、工业用水、农林灌溉、城市水回用及景观用水等。常规工艺以二级处理出水＋常规水处理为主，包括混凝、沉淀、过滤及膜分离等过程。当出水标准不能满足用户水质要求时，可增加深度处理单元，如臭氧氧化、高级氧化及活性炭吸附等。水处理单元造成的碳排放主要源于水泵等设备运行消耗的电能、消耗的药剂等材料及运输材料。处理过程中产生的污泥，一般可采取填埋方式进行处理，则其将造成一定的直接排放。

1. 电力消耗间接排放

再生水厂运行维护因电力消耗产生的间接碳排放量，计算同式（5-2）、式（5-3）。

2. 材料消耗间接排放

再生水厂运行维护因材料消耗产生的间接碳排放量，计算同式（5-4）。

3. 运输过程间接排放

再生水厂运行维护在运输过程中产生的间接碳排放量，参照一般规定执行，计算同式（5-5）。

4. 排泥水处理

再生水厂对水质进行净化处理中，会产生部分排泥水，其处理过程中产生直接碳排放量，计算同式（5-7）。

5.5.3　输配水管网

再生水输配水管网运行维护因水泵运行电力消耗产生的间接碳排放量，计算同式（5-2）、式（5-3）。

5.6 雨 水 系 统

5.6.1 核算边界

雨水系统由渗滞、转输、集蓄、调蓄、截污净化和利用设施以一定的方式组合而成，可分为雨水管渠设施和雨水控制设施两部分，其中，雨水管渠设施除常规排水管渠及附属构筑物外，还包括具有转输功能的其他设施，如植草沟、渗管等；雨水控制设施则可划分为渗滞类设施、集蓄利用类设施、调蓄类设施、截污净化类设施以及其他技术设施 5 类。

如图 5-5 所示，雨水系统碳排放核算边界覆盖自雨水源头排放开始、至排入自然水体为止的全部设施单元，包括雨水管渠设施中排水管渠、泵站和其他转输设施，以及雨水控制设施中的绿色和灰色设施，具体碳排放活动和排放类型总结于表 5-12。

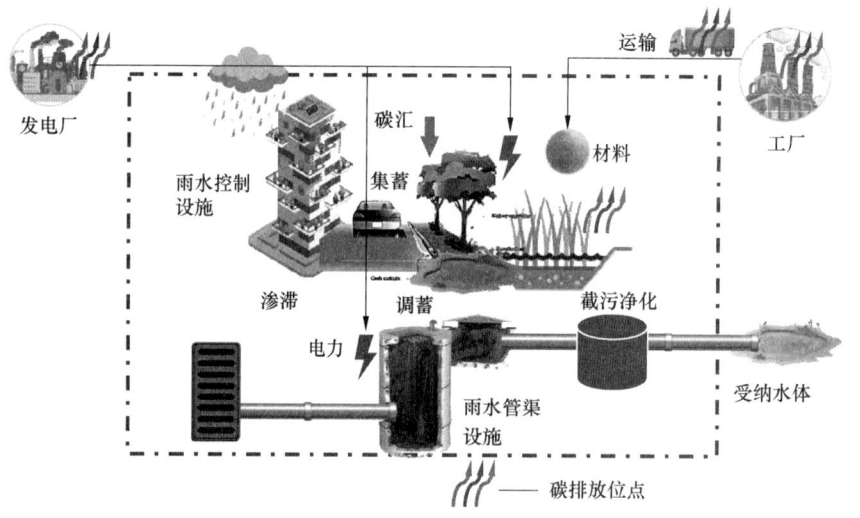

图 5-5 雨水系统碳排放核算边界示意图（彩图请扫书后二维码）

雨水系统碳排放活动
表 5-12

范围（温室气体核算体系）	类型（ISO 14064—1：2018）	排水管渠及附属构筑物	雨水控制设施
归属或受控于核算主体自身活动导致的直接温室气体排放	直接温室气体排放或碳汇	化石燃料直接排放：消耗的化石燃料	
		—	CH_4 排放：雨水湿地、雨水塘、生物滞留等设施生化反应产生温室气体绿色设施固碳碳汇

范围（温室气体核算体系）	类型（ISO 14064—1：2018）	排水管渠及附属构筑物	雨水控制设施
由于购买电力、蒸汽、热/冷源导致的间接温室气体排放	间接温室气体排放——电力消耗	电力消耗间接排放：提升泵站、高压水枪灌溉冲洗等消耗电能	电力消耗间接排放：净化、利用等设施消耗电能
其他因核算主体活动导致的但在其核算边界外的间接温室气体排放	间接温室气体排放——运输	运输过程间接排放：包括运输各类材料、药剂、副产物等过程导致的间接碳排放	
	间接温室气体排放——材料投入和服务	材料消耗间接排放：维护消耗材料	
	间接温室气体排放——资产与副产品处置	—	—
	间接温室气体排放——其他	—	—

5.6.2 雨水管渠设施

1. 排水管渠及附属构筑物

（1）化石燃料直接排放

排水管渠及附属构筑物（管网管渠、泵站等）中，部分机械设备运行消耗汽油、柴油化石燃料，因而产生一定的直接碳排放量，计算同式（5-1）。

部分雨水泵站在用于城市洪涝应急情况下使用油泵，此过程可根据下式计算碳排放强度：

$$M_{rl} = \sum_{i=1}^{n} \frac{\rho g(H_{net} + H_{loss})}{\eta_i} \tag{5-46}$$

式中 M_{rl} ——使用油泵输送单位水量到自然水体或污水处理厂产生的能耗，J/m³；

     ρ ——雨水密度，kg/m³，取 1000kg/m³；

     g ——重力加速度，9.8m/s²；

     H_{net} ——输水起止点的高程差，m；

     H_{loss} ——管网沿程损失，m，可由式（5-48）计算；

     η_i ——第 i 种泵机组效率，%；

     n ——总计使用 n 种不同工作效率的泵机组。

$$CES_{rl} = 10^{-9} M_{rl} \cdot EF_{rl} \tag{5-47}$$

式中 CES_{rl} ——提水或送水消耗化石燃料产生的碳排放强度，kg CO₂-eq/m³；

M_{rl} ——使用油泵输送单位水量到自然水体或污水处理厂产生的能耗，J/m^3；

EF_{rl} ——化石燃料排放因子，$kg\ CO_2\text{-}eq/GJ$，见附录 B.1。

$$H_{loss} = 0.00124 \frac{v^2}{d^{1.33}}L \qquad (5\text{-}48)$$

式中　H_{loss} ——管网沿程损失，m；

　　　v ——流速，m/s；

　　　d ——输水管道管径，m；

　　　L ——输水管道长度，m。

（2）购入电力间接排放

电力排放主要来自于雨水泵站提水过程的电力消耗，此外，也包括雨水系统运行过程中的其他电力消耗，如景观照明、景观维护等。

1）在具有雨水系统总耗电量数据的情况下，可根据下式计算碳排放强度：

$$CES_d = EH \cdot EF_d/Q \qquad (5\text{-}49)$$

式中　CES_d ——雨水系统购入电力产生的间接碳排放强度，$kg\ CO_2\text{-}eq/m^3$；

　　　EH ——雨水管网泵站系统运行年耗电量，kWh/a；

　　　EF_d ——电力排放因子，$kg\ CO_2\text{-}eq/kWh$，见附录 B.2；

　　　Q ——评价年内输送的雨水总量，m^3/a。

2）在无总耗电量数据的情况下，泵站提水等用电过程可根据下式计算碳排放量：

$$E_d = \sum_{i=1}^{n} \frac{\rho g(H_{net} + H_{loss})}{3.6 \times 10^6 \eta_i} \qquad (5\text{-}50)$$

式中　E_d ——使用电泵输送单位水量到自然水体或污水处理厂产生的能耗，kWh/m^3；

　　　ρ ——雨水密度，kg/m^3，取 $1000kg/m^3$；

　　　g ——重力加速度，$9.8m/s^2$；

　　　H_{net} ——输水起止点的高程差，m；

　　　H_{loss} ——管网沿程损失，m，可由式（5-48）计算；

　　　η_i ——第 i 种泵机组效率，%；

　　　n ——总计使用 n 种不同工作效率的泵机组。

$$CES_d = E_d \cdot EF_d \tag{5-51}$$

式中　CES_d ——取水或送水消耗电力产生的碳排放强度，kg CO_2-eq/m^3；

$\quad\quad E_d$ ——使用电泵输送单位水量到自然水体或污水处理厂产生的能耗，kWh/m^3；

$\quad\quad EF_d$ ——电力排放因子，kg CO_2-eq/kWh，见附录 B. 2。

2. 其他转输设施

（1）购入电力间接排放

其他转输设施购入电力的间接碳排放量计算同式（5-46）~式(5-48)。

（2）绿色设施固碳作用碳汇

绿地中的植物和土壤都具有固碳能力。绿色屋顶、雨水花园、下沉式绿地等包含植被设施可通过光合作用吸收 CO_2，产生一定的固碳量，即碳汇，单位为 kg CO_2-eq。

植被固碳量应按下式计算：

$$CSS_{zb} = EF_{zb} \cdot S_{zb} \tag{5-52}$$

式中　CSS_{zb} ——植被固碳量，kg CO_2-eq；

$\quad\quad EF_{zb}$ ——植被固碳因子，kg CO_2-eq/m^2，见附录 B. 8；

$\quad\quad S_{zb}$ ——植被占地面积，m^2。

5.6.3　雨水控制设施

1. 渗滞类设施

渗滞类设施运行维护碳排放包括购入电力间接排放、绿色设施固碳作用碳汇，计算见 5.6.2 节。

2. 集蓄利用类设施

集蓄利用类设施运行维护碳排放包括购入电力间接排放，计算同式（5-2）、式(5-3)。

3. 调蓄类设施

调蓄类设施运行维护碳排放包括购入电力间接排放、绿色设施固碳作用碳汇、湿地类温室气体直接排放，雨水湿地温室气体排放，其他计算见 5.6.2 节。

雨水湿地是雨水系统实现水质提升的重要设施，在雨水湿地运行过程中会造成 CH_4、N_2O 排放。雨水湿地的温室气体排放机制复杂，排放速度和排放量受温度、植物、土壤本底值、水流方式等多种因素的影响（表 5-13）。简单起见，本指南只考虑雨水湿地在污染物去除过程中产生的温室气体排放，不考虑自然生态系统本身的排放。

雨水塘、生物滞留设施等与此计算方法一致，包含 CH_4 气体碳排放量及 N_2O 气体碳排放量。

影响雨水湿地 CH_4 和 N_2O 排放的因素　　　　表 5-13

因素/过程	CH_4	N_2O
水/土壤/空气温度增加	几乎所有情况下都增加	无明确关系
土壤或过滤材料的水分升高（土壤孔隙水含量升高）	明显增加	减少
所收集雨水径流量增加	增加	增加
存在通气叶组织植物	视情况而定	视情况而定
脉动水文状态（间歇加载）	明显减少	视情况而定
水平流人工湿地地下水位加深	减少	增加

（1）CH_4 排放核算

雨水湿地去除雨水中所含 COD 过程会产生 CH_4，CH_4 气体碳排放量计算如下：

$$CE_{CH_4} = \sum_{i=1}^{n} (TOW_i \cdot EF_{CH_4} \cdot i) \times 28 \tag{5-53}$$

式中　　CE_{CH_4} ——雨水湿地所产生的 CH_4 折算为 CO_2 当量的年排放量，$kg\ CO_2\text{-eq/a}$；

　　　　TOW_i ——每年第 i 种雨水湿地处理的雨水中有机物总量，kg COD/a，以式 (5-54) 计算；

　　　　EF_{CH_4} ——第 i 种雨水湿地的 CH_4 排放因子，kg CH_4/kg COD，见表 5-7；

　　　　i ——雨水湿地类型；

　　　　28 —— CH_4 的全球变暖潜能值，常数，kg CO_2-eq/kg CH_4。

雨水中有机物总量（TOW_i）是雨水湿地进水的 COD 浓度和雨水量的函数。计算如下：

$$TOW_i = 365C_i \cdot W_i \tag{5-54}$$

式中　　TOW_i ——每年第 i 种雨水湿地处理的雨水中有机物总量，kg COD/a；

　　　　C_i ——每年雨水进入第 i 种雨水湿地的平均 COD 浓度，kg COD/m^3；

　　　　W_i ——第 i 种雨水湿地雨水日处理量，m^3/d；

　　　　i ——雨水湿地类型。

（2）N_2O 排放核算

雨水湿地中 N_2O 气体碳排放量由雨水湿地中总氮负荷和排放因子计算，可按下式计算：

$$CE_{N_2O} = \sum_{i=1}^{n} \left(N_i \cdot EF_{N_2O} \times \frac{44}{28} \right) \times 265 \qquad (5\text{-}55)$$

式中　　CE_{N_2O}——雨水湿地 N_2O 年碳排放量，折算成 CO_2 当量计，kg CO_2-eq/a；

N_i——每年雨水进入第 i 种雨水湿地的总氮，mg N/L；

EF_{N_2O}——第 i 种雨水湿地 N_2O 排放因子，kg N_2O-N/kg N，见表 5-9；

i——雨水湿地类型；

265——N_2O 的全球变暖潜能值，常数，kg CO_2-eq/kg N_2O；

$\dfrac{44}{28}$——N_2O 与 2N 分子质量比。

4. 截污净化类设施

截污净化类设施运行维护碳排放包括购入电力间接排放、绿色设施固碳碳汇、雨水湿地温室气体排放，计算见 5.6.2 节～5.6.3 节。

5. 其他技术设施

其他技术设施运行维护碳排放包括购入电力间接排放、绿色设施固碳碳汇，计算见 5.6.2 节～5.6.3 节。

第6章 资产重置与拆除

6.1 概　　述

城镇水务系统设施在资产重置与拆除阶段主要碳排放量包括：（1）施工过程中器械工作燃烧化石燃料产生的直接碳排放量；（2）施工过程消耗电能产生的间接碳排放量；（3）施工中产生的建筑垃圾需要向外部清运，产生的间接碳排放量。同时，其也可回收部分建筑材料，如钢筋等重复利用，可抵扣一部分碳排放量。城镇水务系统资产重置与拆除阶段过程碳排放活动与建筑等其他行业相通，各子系统间特异性不突出，与水处理及管理过程相关性较弱。因此，为保持与社会各行业碳核算工作的一致性，突出水务系统碳排放活动的特点，本节提供的资产重置与拆除过程碳排放核算方法适用于城镇水务系统中的任一系统。

6.2 化石燃料直接排放

施工现场化石燃料消耗碳排放量可参考以下两种核算方法：（1）可获取化石燃料消耗量，推荐使用施工中化石燃料消耗类别与总量，进行碳排放核算，见方法一，其结果准确度较高；（2）若化石燃料消耗量难以获取，则可根据施工现场工作的机械台班数进行估算，见方法二，但结果准确度较低。计算如下：

方法一：

$$CE_{rl} = \sum_{i}^{n}(M_{rl,i} \cdot EF_{rl,i}) \tag{6-1}$$

式中　CE_{rl}——化石燃料碳排放量，kg CO_2-eq；

$M_{rl,i}$——消耗的第 i 种化石燃料总量，kg 或 m³；

$EF_{rl,i}$ ——第 i 种化石燃料排放因子，kg CO_2-eq/kg 或 kg CO_2-eq/m^3，见附录 B.1；

　　　 n ——共使用 n 种化石燃料。

方法二：

$$CE_{rl} = \sum_{i}^{n} (T_i \cdot S_i \cdot EF_{rl,i}) \tag{6-2}$$

式中　　CE_{rl} ——化石燃料碳排放量，kg CO_2-eq；

　　　 T_i ——第 i 种台班使用数量；

　　　 S_i ——第 i 种机械单位台班能源消耗量，kg 或 m^3，可参考《建筑碳排放计算标准》GB/T 51366—2019；

$EF_{rl,i}$ ——第 i 种机械台班所消耗的化石燃料对应排放因子，kg CO_2-eq/kg 或 kg CO_2-eq/m^3，见附录 B.1；

　　　 n ——共使用 n 种机械台班。

6.3　电力消耗间接排放

资产重置与拆除阶段消耗购入电力产生的间接碳排放量可由排放因子法计算。计算如下：

$$CE_d = E_d \cdot EF_d \tag{6-3}$$

式中　CE_d ——消耗购入电力产生的碳排放量，kg CO_2-eq；

　　　 E_d ——总耗电量，kWh；

　　　 EF_d ——该地区电力排放因子，kg CO_2-eq/kWh，见附录 B.2。

6.4　运输过程间接排放

资产重置与拆除阶段产生的建筑垃圾外运消耗的能源产生的间接碳排放量，以排放因子法计算。计算如下：

$$CE_{ys} = \sum_{i,j}^{n,l} (M_{ys,i,j} \cdot L_{ys,i,j} \times EF_{ys,j}) \tag{6-4}$$

式中　CE_{ys} ——资产重置与拆除阶段因运输过程产生的碳排放量，kg CO_2-eq；

　$M_{ys,i,j}$ ——第 i 次运输中，使用第 j 种方式的运输总量，t；

　$L_{ys,i,j}$ ——第 i 次运输中，使用第 j 种方式的运输距离，km；

$EF_{ys,j}$ ——第 i 次运输中，使用第 j 种运输方式的排放因子，kg CO_2-eq/(t · km)，见附录 B.4；

n ——共进行 n 次运输；

l ——第 i 次运输中，总计采用了 l 种运输方式。

6.5 材料回收碳补偿

资产重置与拆除阶段回收的材料，可视为其产生的碳补偿，以排放因子法计算。计算如下：

$$CS_{cl} = \sum_{i}^{n} (M_{cl,i} \cdot EF_{cl,i}) \tag{6-5}$$

式中　CS_{cl} ——资产重置与拆除阶段回收材料碳补偿量，kg CO_2-eq；

$M_{cl,i}$ ——第 i 种材料回收量，kg 或 m³；

$EF_{cl,i}$ ——第 i 种材料的排放因子，kg CO_2-eq/m³ 或 kg CO_2-eq/kg，见附录 B.3；

n ——共回收 n 种材料。

第7章 城镇水务系统碳减排路径

7.1 概　　述

2021年10月24日，国务院印发了《2030年前碳达峰行动方案》（国发〔2021〕23号），为实现2030年前碳达峰目标，制订了贯穿于经济社会发展全过程和各方面的"碳达峰十大行动"，统筹开展"碳达峰"工作。该文件明确提出的目标之一是"低碳发展模式基本形成"。2022年6月13日印发的《减污降碳协同增效实施方案》（环综合〔2022〕42号）明确了污水资源化利用对降碳的贡献，鼓励污水处理厂积极实施节能降耗、清洁能源利用，推动开展城镇污水处理和资源化利用碳排放测算，降低污水处理设施能耗和优化碳排放管理。对于我国城镇水务系统而言，随着人口增长和生活水平提高，用水量和污水量都将持续增长。此外，由于极端天气增加，城镇雨水控制与转输负担也越来越重。唯有通过碳减排实施降低城镇水务系统碳排放强度，才能在处理水量持续增加情况下完成"碳达峰"目标，即碳排放核算并不是目的和终点，而是将碳排放核算作为工具，引导城镇水务系统逐步融入减污降碳协同理念，推动城镇水务系统可持续优化发展，指导城镇水务系统碳减排计划制订和评价，协助技术优化选择和节能、降碳、增效行动，两者相辅相成。由图7-1中碳核算与碳减排交互关系可知，碳排放核算贯穿于城镇水务系统碳减排全流程之中。工作前期对其碳排

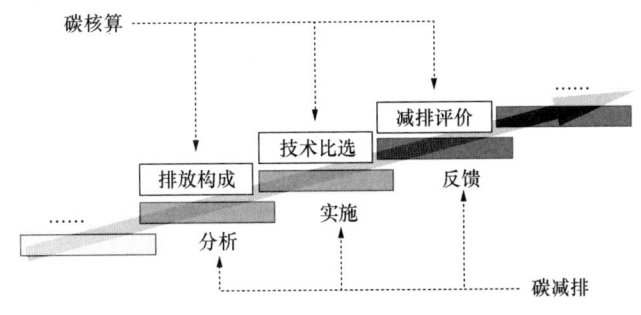

图 7-1　碳核算工作与碳减排行动交互示意图

放构成量化是进行有的放矢碳减排的首要条件，而对不同技术进行碳排放核算能够保证实施方案为最佳；另外，阶段性碳核算不仅可对上一阶段碳减排进行总结分析，同时可指导下一步减排计划，保证向碳中和方向持续进行。

从城镇水务系统的全生命周期看，从规划建设，到运行维护，直至资产重置与拆除全过程中，始终伴随着碳排放活动。进行城镇水务系统碳核算与减排策略优化中，不能仅局限于当前排放情况，应从其"从摇篮到坟墓"的全部历程进行综合考量。城镇水务系统属于一般建筑行业，是传统高碳排放行业之一。在其规划建设施工、建筑材料消耗等环节中需消耗大量的能源、资源，因此，会相应产生碳排放。但城镇水务系统又有别于一般建筑行业，其运行过程中亦在源源不断地产生碳排放。因此，规划建设及资产重置与拆除在其全生命周期碳排放总量中所占比例与构筑物的运行年限紧密相关。如图 7-2 所示，当构筑物运行 20～30 年中，给水系统规划建设产生的碳排放量约占全生命周期总排放量的 10%，污水系统规划建设碳排放量一般占比 3%～5%。因此，提升城镇水务系统构筑物设计与施工水平，在规划建设碳排放总量相当的情况下，延长构筑物运行年限，可减少其碳排放强度。而在构筑物的拆除过程中，虽然拆除作业过程中将产生一定的能量消耗与碳排放量，但通过妥善处理、回收建筑废弃物，一般可抵消拆除作业的碳排放量，达到零碳或负碳的水平。由此可知，在城镇水务系统 LCA 内，运行维护阶段是最大的碳排放贡献者，应是碳减排的重点环节，同时规划建设阶段的碳排放量也不可小觑。

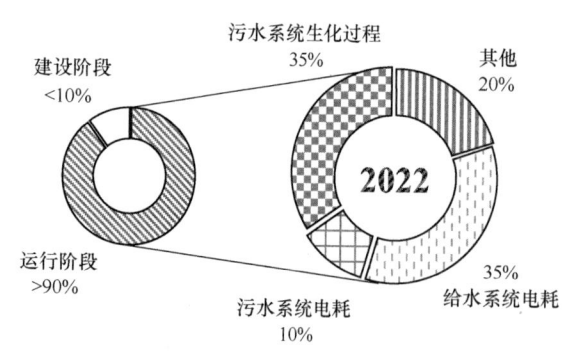

图 7-2　中国城镇水务系统碳排放组成

（相关研究极为有限，结果差异较大，该图仅作示意参考）

从全球尺度看，城镇水务系统运行维护阶段电能消耗约占世界总电耗的 6.1%，能源消耗约为总能耗的 4.1%。其中，供水管网能耗占比约 42%，海水淡化与再生水处理能耗约占 26%，污水及污泥处理能耗约占 14%，二次加压供水约占 13%（建筑给水），远距离输水约占 5%。聚焦于国内城镇水务系统碳排放量情况，目前相关量化数据十分有限且不同来源量化结果差别较大。为此，基于我国《城乡建设统计年鉴》《城镇排水统计年鉴》等数据源，本指南先匡算了我国城镇水务系统的能耗及构成（注：估算结果仅为本指南讨论碳减排用）。结果显示，我国给水系统（不包括长距离输水）年耗电量（产水和供水）约为 4.75×10^{10} kWh/a，污水系统（包括再生水厂但不包括排水管网）年耗电量约为 1.69×10^{10} kWh/a。对于雨水系统来说，耗电量缺乏统计数据。由碳核算可知，给水系统、再生水系统和雨水系统主要碳排放活动是电力消耗；而污水系统主要碳排放活动除电力消耗外，还包括不同单元设施直接碳排放，其排放量（污水管渠＋污水处理）与污水系统耗电所导致的碳排放量比例约为 3：1，即城镇水务系统由于给水耗电、污水耗电和污水生化导致的碳排放量比例约为 3：1：3（图 7-2），3 部分碳排放量之和约占城镇水务系统总碳排放量的 80% 以上，是碳排放活动的 3 个聚焦点。依据文献中碳排放量，可计算得出碳排放强度，并结合《城市建设统计年鉴》有关我国城镇水务系统供水量和污水排放量的增长变化趋势，可以大体匡算出 2022 年我国城镇水务系统碳排放总量，约为11488 万 t CO_2-eq/a（图 7-3），占我国全社会总碳排放量的 0.82%，其中，以污水系统所占碳排放量比例最大。仅从碳排放总量看，城镇水务系统即使实现碳中和，对全社会碳中和贡献似乎也非常有限。然而，水作为全社会物料流动最大的一种产品，跟其他行业联系十分密切。因此，城镇水务系统碳减排并不孤立，有助于其他行业和全社会进行碳减排。另外，气候变化给城镇水务系统运营管理带来了新的挑战，碳中和作为一种约束性力量，引入城镇水务系统也有利于自身可持续改进优化，强化发展韧性。所以，城镇水务系统应主动将碳减排纳入未来运营、发展、评价等核心内容，提前布局、主动作为。

从城镇水务系统碳减排实施路线看，与国家"30 ＆ 60"碳达峰与碳中和目标保持一致可作为最基本的时间节点。为更清晰地展示城镇水务系统各个阶段所需完成的碳减排目标，本指南基于文献数据定性核算了我国城镇水务系统碳排放总量在不同情形下的变化趋势（图 7-3）。按照所核算的 2022 年城镇水务系统碳排放量基准值，考虑城镇化水平继续上升、人口增长、水务系统基础设施覆盖率增长，水务系统输出或处理水量必然不断增加；此外，用户对供水水质及排放水质标准会日益增长。所以，如果水务行业不积极采取碳减排措施，其碳排放总量到 2060 年将达到 19853 万 tCO_2-eq/a，是目前水务行业碳排放水平的近 2 倍。诚然，碳减排不会一蹴而就；若期望 2030 年实现碳达峰，城镇水务系统则应立刻着手实施碳减排，通过降低整个系统碳排放强度（单位水量的碳排放量）才能抵消由于用水量增长所带来的碳排放量增长。可以估算若要 2060 年实现碳中和目标，2030 年～2060 年间需持续加大减排力度，以抵消剩余 12890 万 t CO_2-eq 碳排放量（图 7-3）。

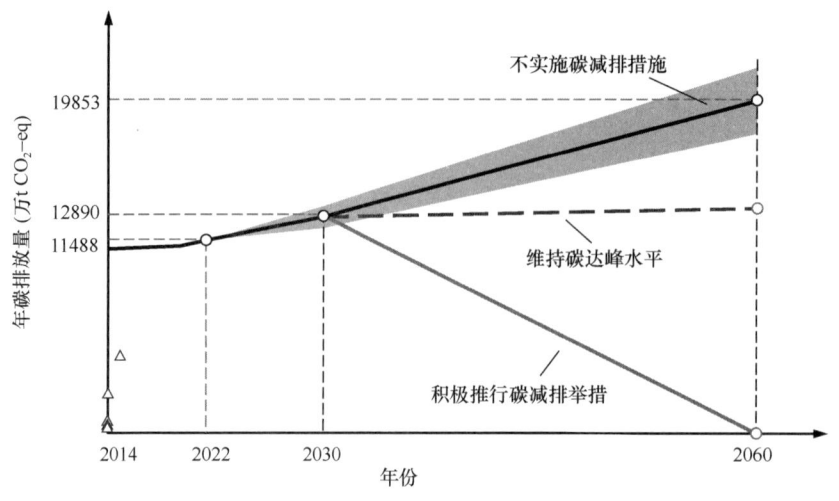

图 7-3　中国城镇水务系统碳减排强度及路线图

（△表示部分文献中测算的污水行业碳排放总量。数据来源：中华人民共和国住房和城乡建设
部；估算结果仅覆盖城镇（包括城市、县城及建制镇）水务系统运行维护活动产生的碳排放
量。以我国 2020 年城镇供水总量 893.8 亿 t/a、生活污水处理总量 693.6 亿 t/a 为基础，生活
污水 COD= 350mg/L、NH_4^+ =50mg/L；按人口净增长率 1.45%/a 趋势，对水量及污染物变
化进行估算。给水处理能耗取 0.53kWh/m^3；污水处理采用活性污泥二级处理工艺，处理能耗
取 0.24kWh/m^3，污泥处理采用卫生填埋方式，处理过程中投放各类药剂情况不一，因而未予
以考虑。取生活污水化石碳比例 10%，CH_4 排放因子 3.6kg CO_2/t BOD_5，N_2O 排放因子
10.6kg N_2O/t N。）

　　从我国城镇水务系统碳排放构成看，碳减排优化重点应放在给水系统和雨水系统
电力消耗单元（提升泵）、污水系统电力消耗单元（提升泵和曝气泵）以及污水系统
因生化反应产生 CH_4 和 N_2O 的单元（化粪池、污水收集管网和污水生化处理单元）。
对于电力消耗，尽管可依赖于国家能源结构绿色化和发电企业降碳实现减碳降碳目
的，但城镇水务系统应通过自身优化尽可能降低电能消耗强度，以抵消可预见人口增
加所带来的用水量和污水量增加而导致的电力需求持续增加，这不仅可实现碳减排，
还可以降低运营成本。这一点对雨水系统尤为重要，重力流系统不需要电力消耗，而
雨水系统则需要大功率泵站，优化雨水径流设计、减少深隧工程是减少雨水系统电力
消耗的关键。

　　根据碳减排原理和机制，国际上将碳减排技术划分为 3 个范畴，即减碳、替碳和
碳汇。减碳指通过优化或革新现有工艺技术，降低化石燃料消耗或降低直接碳排放
量，以实现碳减排目的；替碳指通过清洁能源代替化石燃料方式实现碳减排；碳汇则

指通过植树造林等方式吸收固定大气中的温室气体，以完成对所排放温室气体的抵消。落实到城镇水务系统，其复杂组成和众多碳排放活动单元决定了可进行碳减排的多位点和相应技术，本指南进一步细分为 5 类行动策略，如图 7-4 所示。

（1）源头控制：减少城镇水务系统需要处理的水量和（或）污染物，从引起碳排放的源头降低能耗、物耗以及直接产生的温室气体量；

（2）过程优化：优化城镇水务系统中设备、反应单元和运行控制策略，提高运行效率，降低能耗和物耗强度，控制导致直接温室气体生成的环境条件；

（3）工艺升级：研发低能耗、低碳排新型工艺、系统，替代高能耗、高碳排传统工艺、系统；

（4）低碳能源：挖掘并回收城镇水务系统内部蕴含的潜能，辅以使用其他清洁能源（风能、太阳能、有机质能、余温热能等），以减少化石燃料消耗；

（5）植物增汇：通过植树造林、植被恢复等措施，吸收大气中的 CO_2，从而减少温室气体在大气中的浓度。

按图 7-4 归纳，源头控制、过程优化及工艺升级行动策略属于减碳范畴，而低碳能源策略属于替碳范畴。一般来说，减碳行动策略立足于现有工艺技术，其实施迅速，工程量和投资规模较小，应作为城镇水务系统制订碳减排计划的首选。然而，仅仅依赖于减碳行动策略达成碳中和是不可能的，替碳行动策略将是必经之路。替碳行

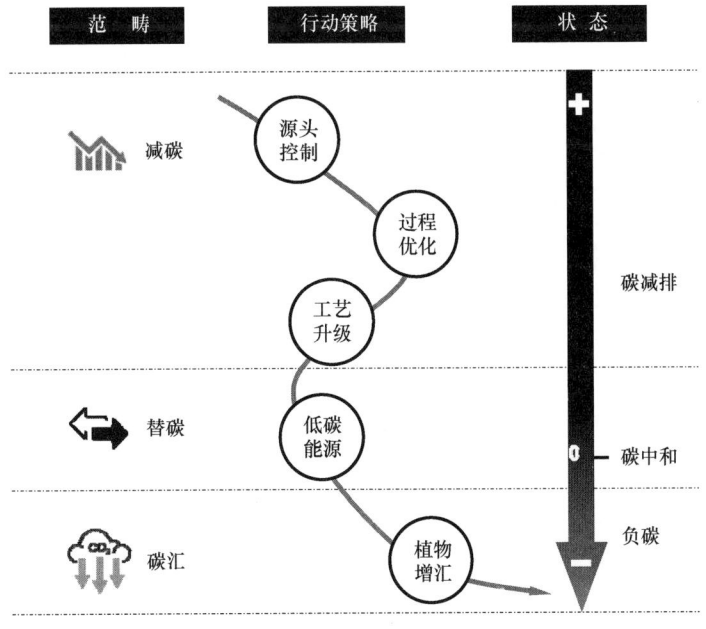

图 7-4　城镇水务系统碳减排行动计划路线图

动策略聚焦水务系统内部能源（如，有机能与余温热能等）回收；由于我国目前水务系统能源回收设施并不普遍，该策略实施不可避免涉及较大规模投资；但其碳减排潜力巨大，不仅可使水务系统本身实现碳中和，而且有望向社会输出清洁能源，即实现负碳情形，这部分碳相当于碳补偿，可以用作碳交易。碳汇行动策略聚焦于植物增汇和水生态系统固碳。雨水系统涉及屋顶、道路、广场、绿地等广阔空间，与城市生态系统天然耦合。在雨水系统规划建设中广泛采用绿色设施，具有增强雨水径流控制、提升生态系统碳汇的多重效益，其实施成本低，可在城镇水务系统普遍推广。当然，城镇水务系统负碳状态实现并非仅依赖于技术进步，而是需要管理部门高屋建瓴的远见卓识和统一规划，形成"政策牵引、规范约束、技术推动"的碳减排路径体系。

本章首先从城镇水务系统整体分析了碳减排重点和不同系统间协作关系，继而从5类行动策略上进一步细化总结。根据全生命周期不同阶段碳排放特点，分析了城镇水务系统规划建设及资产重置与拆除阶段的碳排放活动，重点分析了运行维护阶段减排路径，并分别剖析了各个子系统技术切入点、行动策略和对应实施特点，以期为我国城镇水务系统制订碳减排计划提供参考。其中，从碳减排角度看，再生水系统因与给水系统十分接近，因而，将两个子系统合并分析。

7.2 城镇水务系统碳减排协同性

尽管给水系统、污水系统、再生水系统和雨水系统运营主体不同，但作为城镇水务系统有机整体，不同系统之间相互联系、相互影响。因此，在城镇水务系统制订碳减排计划时应对不同系统之间协同性予以充分考虑，即某一系统碳减排行动策略对其他系统具有联动性。表7-1总结了该类行动策略，政府主管部门或行业协会应加强不同系统运营主体间联系，优先统筹推进该类行动策略，以取得事半功倍的碳减排效果。

城镇水务系统各系统间的碳减排协同行动策略   表 7-1

	给水系统	污水系统	再生水系统	雨水系统
给水系统	—	通过实施节约用水宣传、强化计量不仅可减少给水系统负荷，也可减少污水输送、处理负荷，实现碳减排	节约用水，或者针对不同水量、用水领域实施梯度计价不仅可实现用水节约，亦可从成本角度导向部分用水领域使用再生水的积极性，实现碳减排	节约用水，或者针对不同水量、用水领域实施梯度计价，可促进雨水回用，降低雨水管渠等设施负荷，实现碳减排

	给水系统	污水系统	再生水系统	雨水系统
污水系统	污水处理厂出水排入水源地附近时，排放标准严格，可减少给水处理成本，但会造成污水能耗、药耗增加；因地制宜采取分流制排水体制，减少 CSO 溢流对水源附近水体影响，降低给水处理能耗、药耗，实现碳减徘	—	出水后续需再生回用时，应根据回用用途与再生处理工艺部分协同考虑、统筹设计，减少整体能耗、药耗，实现协同碳减排	—
再生水系统	在本地水资源短缺的城镇应因地制宜推动再生水系统建设和出水回用，可相应节省给水系统远距离取水能耗，实现碳减排	根据再生水回用情景合理设定污水处理厂出水标准，从而优化污水处理厂能耗水平，实现碳减排	—	—
雨水系统	雨水利用可减少给水系统负荷，实现碳减排	因地制宜采取分流制排水体制或雨水控制设施，从源头减少雨水进入污水管渠，降低污水转输、处理负荷，实现碳减排	—	—

7.3 规划建设及资产重置与拆除

7.3.1 碳减排路径分析

由城镇水务系统碳核算内容可知，给水系统中水源地选取会影响取水设施耗电量、给水处理厂选址及与用水主体距离等会影响输配水耗电量；污水系统中排水体制、污水管渠设施走向及与污水处理厂位置关系决定其埋深，从而影响提升泵数量和提升高度，即耗电量；污水处理厂主体工艺类型、要求出水水质也会导致碳排放量差别；雨水系统中采用管渠设施还是雨水控制设施都会造成碳排放量不同。从城镇水务系统全生命周期看，以上内容均决定于规划设计阶段，而付诸建设运行后并不容易变动和优化。因此，规划设计对城镇水务系统碳排放量影响具有决定性，而这种决定性并不易通过运行维护的优化完全扭转。另外，建设施工虽然不是城镇水务系统直接相关专业，但其碳排放量是计入城镇水务系统的。基于此，规划建设作为城镇水务系统全生命周期开端同样是碳减排的首要切入点。

建筑行业是传统高碳排放行业，是国际极为关注的重点排放行业之一。一般而言，建筑行业能耗可达全社会总能耗的 1/3，碳排放量可占全社会总排放量的 11%。相对一般民用建筑来说，城镇水务行业各类设施运行维护将源源不断地消耗能量与材料，或通过生化反应产生各类温室气体。因此，其运行维护碳排放量更高，规划建设及资产重置及拆除碳排放量占比相对较小，但仍不可小觑。

规划建设中约 97% 碳排放量源于建筑使用与消耗的钢材、混凝土等各类建筑材料。因此，可在维持建筑强度前提下节约建材消耗，或使用低碳建材，以减少建筑阶段碳排放量。预制构件通常统一设计、生产，其生产中消耗的能量、建材较少。而绿色材料（如，木材等）与再生材料（如，再生骨料，再生钢材等）使用的原材料来源于自然材料或回收废料，其生产过程中产生的碳排放量较少。

拆除过程中，拆除施工活动产生的碳排放量约占总排放量的 70%，其他则来源于拆除建筑废弃物运输与处理。通过对废弃物分类、破碎、筛选等步骤，回收利用其中可再次重复利用的材料，直接或经过再加工后循环利用，可生产再生建材，相当于抵消了一定的碳排放量。规划建设及资产重置与拆除碳减排技术行动策略见表 7-2。

规划建设及资产重置与拆除碳减排技术行动策略 表 7-2

阶段	策略	单位	技术内容	实施特点
规划建设	城镇水务系统体制和空间布局	规划设计部门	水源地的选择；给水处理厂的空间位置和设计规模；合理分区域供水；排水体制的选择；污水处理厂的设计规模、工艺选择、出水水质标准；污泥的处置方式；雨水管理体制等	以污水处理厂为例，其电能消耗导致的碳排放强度与设计规模相关，一般规模越大，处理单位水量的电耗越低，即碳排放量越低；而且，统计数据表明，不同工艺也存在影响，譬如，SBR 工艺应用于小型污水处理厂时单位水量耗电量更低，而氧化沟和 AAO 工艺则分别更适合于中型和大型污水处理厂
	优化设备选型		选择能效比较高、功率可调的、使用周期较长、故障率较低的机械设备及其组合	合理适宜的机械设备选型及其组合方式，可以降低未来运行中的能耗与碳排放量；防止因故障频发导致的额外排放
	分区域水压控制		根据不同地区对水压需求，划分不同的供水区域，并针对高水压段安装减压阀	实现压力无浪费，资源最大化利用，减少水量漏损；对压力需求把控和区域划分精准度要求较高；实践表明，其可减少 $6.2m^3/km$ 的漏损，相当于减少 68t CO_2-eq/km 排放量

续表

阶段	策略	单位	技术内容	实施特点
规划建设	优化排水设计	规划设计部门	因地制宜，综合考虑污水管渠设施和处理系统建设，尽可能减少非必须进入污水处理厂处理水量，优化排水体制设计，减少污水管渠设施长期厌氧环境形成，如因地制宜采用分流制排水体制、管道维护减少外水渗入、优化化粪池的设置	排水体制调整和优化过程复杂，需要考虑城市建设、配套设施的完善程度等因素，如若采用雨污分流，则应考虑初期雨水径流污染，避免污染受纳水体；排水体制优化需要长时间探索和经验积累，以及相应的顶层设计和政策导向
	新型排水系统		革新排水系统工艺技术，采用碳排放量低的工艺方案，如采用真空排水系统，加快污水流动速度，减少其在管道内停留时间，减少厌氧环境形成和降低温室气体生成量	新型排水系统革新和应用需要顶层设计和政策导向，真空排水系统采用负压抽吸，应对其进行投资和运行能耗分析，避免碳排放转嫁；真空排水系统可减少 40% 冲厕用水消耗
	慎重考虑雨水处理厂和深隧工程		雨水处理厂和深隧工程这类大型集中式灰色处理系统在建设和运行过程会产生大量能耗及碳排放量且工艺复杂，可通过分散式绿色雨水设施替代	节约资源能源，提高处理效率
	采用预制构件，装配式施工		采用统一设计、生产的预制构件，进行装配式施工方法，减少现场施工量	预制构件有固定的生产流程，生产效率较高，可节约生产中的材料与能量消耗；装配过程有标准的操作方法，可提高施工效率，一般可减少碳排放量 $3\sim7\mathrm{kg\ CO_2\text{-}eq/m^2}$，但实际也会受到工厂厂址的空间限制，可能需要较远的运输距离
	绿色建材	施工部门	使用具有可再生或可回收利用特性的建筑材料；建材厂家适宜就近选择，减少运输排放	木材等可再生建材与再生骨料等可回收利用建材属于碳排放量较低的绿色建材。对于建筑中的非承重结构，尽量选用绿色建材替换传统高碳排放材料，可减少建材碳排放；就近选择建筑材料工厂可减少运输中的碳排放量；严格把关建筑材料质量，选择长寿命的建筑材料
资产重置与拆除	筛分、处理并回收建筑废弃物	施工部门	建筑废弃物不能一埋了之，而应进行合理的筛分，并根据实际条件选择加工为再生建材，抵消碳排放	建筑废弃物回收可产生较多的碳抵消量，若进行合理地处理一般可完全抵消资产重置与拆除的碳排放量，更能产生一定的经济效益

7.3.2 减碳路径

1. 装配式建筑

装配式建筑指进行标准化设计、工厂化生产、装配式施工、一体化装修、信息化管理与智能化应用的新式建筑模式。有别于现浇式建筑在建筑现场进行浇筑与施工，装配式建筑直接采用由工厂预先统一设计、生产的预制构件，而后在建筑现场进行组合装配。装配式建筑建材生产与运输碳排放量略高于现浇建筑，这是因为：（1）预制构件生产需要耗费一定的能量，实际相当于部分现场施工碳排放转移；（2）制造工艺及施工工艺问题，制造与组装预制构件需要消耗更多的材料；（3）预制构件已具有一定形状与结构，因此，运输中空间利用率较低，需要更多的车辆进行运输；（4）预制构件必须从制造工厂运出，因而运输距离较远。在施工过程中，由于预制构件已经完成了制造，无需额外加工，且其有一定的标准装配流程，更利于现场装配施工，大幅提高了施工效率，减少了现场作业量，因此，可大幅减少施工工期能耗量。综合来说，装配式建筑建设碳排放量比现浇建筑每平方米可减少 $3\sim7kg\ CO_2\text{-eq/m}^2$。此外，装配式建筑施工过程中产生的建筑垃圾、噪声与粉尘污染等更小，是更为绿色环保的建造方式。

建筑施工工人生活所造成的碳排放属于不可避免的生活碳排放，依据本指南提出的核算原则，不计入建筑生产碳排放中，这会导致使用人工产生的碳排放量远低于机械施工的核算结果。但大量使用人力替代机械施工会导致工作效率大幅降低，工期延长，投资成本激增等问题。因此，对于雇佣施工工人应根据实际情况选择最佳效果，不可因噎废食。

2. 优化采光、通风设计

采光与通风是建筑设计重点之一，不仅关系到正式运营中相关设备运行能耗与碳排放，也与其中工作、生活人群健康息息相关。在城镇水务系统中有采光与通风需求的建筑，如给水处理厂、污水处理厂等，在设计过程中应注意对此重点进行优化设计。设计中应适当扩大建筑内门、窗范围，优化开窗位置设计，增强建筑的自然采光能力，从而减少人工采光所需的能耗及碳排放量。同时，应避免使用地下式、半地下式结构设计，避免光线被遮挡、阻拦；应结合当地气候情况，合理设计建筑门窗走向，便于建筑使用自然风流动进行室内通风，减少室内气味并散热，降低通风设备运转能耗与间接碳排放量；同时，应增强门窗气密性，增强建筑密封性，避免关闭门窗时热量散失，产生能量浪费与额外的碳排放量。

3. 优化设备选型

维持机械设备运转能耗是运行维护能耗的重要组成部分之一，通过优化设备选型及其组合方式，提高能耗比可有效降低其间接碳排放量。例如，应使选用的水泵及其机组能够在额定功率附近工作，可以实现最大化能量转化，避免不必要的电能损耗，降低碳排放量；合理设计与选用污水处理中所需的曝气机组，避免过度曝气产生额外能耗；使用微孔曝气设备，提高曝气效率。此外，设计中应考虑实际运行中水量、水质变化，为机械设备及其机组提供可调节功率的能力，也可参考其他工程实例遇到的问题状况，在设计之中予以规避。例如，对于污水中砂砾含量较高的地区，选用易于清渣、不易堵塞的格栅及清理设备等。其次，应选择使用周期较长的设备，从而降低该设备生产间接产生的碳排放强度，也可避免频繁更换设备造成的额外排放。最后，应选用故障率较低的，较为稳定的设备，避免频繁维修过程所导致的人力物力损失及其导致的碳排放。

4. 分区域水压控制

在给水输配水系统中，加压泵选型一般按照最高时流量进行，因而其大部分时间偏离最佳额定工况。实际操作中经常采取减小出水阀门的实施控制压力，这将造成能量浪费并降低阀件使用寿命。另外，城镇供水系统所针对的高层建筑，其建筑给水设计有专用加压供水系统，过大输配水压力并不能合理利用，更加造成输配水管网压力浪费及水量漏损。分区域水压控制根据不同地区对水压需求，划分不同供水区域，不仅可以减少电力消耗引起的碳排放量，还能降低供水漏损率。

研究发现，北京市输配水管网进口压力降低 5.6m 水头，每千米管道便可减少 $6.2m^3$ 漏损水量，相当于减少 68t CO_2-eq/km 排放量。对供水区域进行压力分区管理可减少抽水压力和过度压力损失，同时仍可提高城市居民保障性服务水平。可见，在保证供水需求基础上，优化水泵运行工况或分区域水压控制可做到一石二鸟的效果（节水与减少电力使用）。

5. 排水体制升级

传统污水管渠通过重力流方式将收集的生活污水汇集并输送至污水处理厂。从施工量及后续维护难度的角度考虑，一般污水管渠会控制坡度与埋深。其中污水流速较慢，规模较大的城市甚至需要 1～2d 才能将污水输送至污水处理厂。因此，升级、优化排水体制，改善管道内环境是减少温室气体产生的有效手段。

在此方面，室外真空排水系统具有明显优势，在真空负压作用下，污水可以竖向被提升输送至污水干管或污水处理厂。真空排水系统埋深较浅，管道布置更加灵活，污水流速更快，不易发生堵塞与泄露问题，可大幅减少管道内温室气体的生成。再如，采用雨、污分流排水体制，可防止雨水与污水混合，避免污水管渠内泵站对雨水泵送，减少进入污水处理厂的雨水，达到减少泵站及污水处理厂能耗的目的，同时，又可防止降雨量较大时，污水溢流入自然水体造成水环境污染。

6. 因地制宜优化化粪池的设置

化粪池在污水处理厂及城市基础建设发展完善前，充当一种分散式简易污水处理装置，可降解一定有机物及营养物，水环境保护作用有限。但在现今污水处理厂日渐完备的背景下，化粪池缺点与隐患日渐显露，包括：（1）化粪池碳排放量较高，我国城镇化粪池每年产生的 CH_4 总量高达 $3×10^7$ t CO_2-eq/a，与市政污水处理厂直接碳排放量（包括 CH_4 和 N_2O，$2.5×10^7$ t CO_2-eq/a）和总碳排放量（加上间接碳排放量，$4×10^7$ t CO_2-eq/a）处于同一水平；（2）化粪池可去除部分（30%）污水 COD，导致污水处理厂生物脱氮除磷碳源不足，不利于污水处理厂后续处理；（3）占据地下空间且存在安全隐患，化粪池内积聚的 CH_4 若不能及时排出，则有爆炸的巨大风险。此外，95%以上的化粪池使用 $1\sim2a$ 便有可能发生泄漏，不仅污染地下水，腐蚀市政地下供水管道，甚至还会软化建筑物地基。值得注意的是，我国一些经济发达城市在逐步完善市政管网、兴建污水处理厂的同时已有计划取消化粪池。

7. 慎重考虑深隧工程

根据雨水控制目标的不同，深隧工程包括体积控制、径流雨水调蓄、合流制溢流、雨/污调蓄、雨水或合流制雨/污水转输等。以控制合流制溢流的调蓄隧道为例分析，下雨时雨水在深隧内调蓄，雨后通过尾端泵站提升到浅层管渠排水系统进行分散式就地处理或送至污水处理厂，减少流域开闸次数，可削减附近流域雨季合流污水和初期雨水的污染率，减少流域内黑臭水体的出现，提高流域的水环境质量，可以减少雨水处理厂处理 COD 等能耗，从而进一步减少了化石能源耗能所产生的碳排放量。但是深隧工程建设是一个大工程，相比浅层地表管道系统，在建造过程会产生 50% 以上的碳排放量。且由于将污水集中再运输到污水处理厂处理，需要配置大容量的污水提升泵站，相比低功耗泵站增加能耗量 10.40kWh/10^3 m^3 左右。深隧一般距离较长，容易产生淤积，在运行维护方面也会造成大量碳排放，因此，在雨水系统中应尽量使用其他绿色雨水设施代替。

8. 绿色建材

消耗建筑材料所产生的间接碳排放量约占建筑阶段总排放量的 97%，是应进行碳减排的重点环节。在非承重结构中，使用生产碳排放量较低的绿色建材是有效手段。

绿色建材包括：（1）可再生建材，如木材、竹子等。其主要为直接或简单加工后的自然材料，消耗后可在自然界中较快恢复。由于其产生过程吸纳、固定了部分 CO_2 等温室气体，资源较为丰富，开采、加工过程较简单，因此，其产生的碳排放强度较低；（2）再生建材，如再生骨料、再生微粉等。其主要是使用建筑垃圾进行分筛、再加工后产生的再生建材，可替代其他高碳排放建材使用。由于其由使用建筑垃圾回收、加工而来，相当于延长该材料的生命周期，因此，其碳排放强度更低。

加强建筑垃圾循环利用，选择粉煤灰、煤矸石、尾矿渣等作为原料，引导雨水建筑原料行业向轻型化、集约化、低碳化转型。建筑垃圾具有丰富的多孔结构，且孔径大、孔隙率高，具有较好的吸附性能。因此，将建筑垃圾应用于雨水渗滤设施中对径流污染物进行控污净化将是一个新的出发点。渗滤设施是海绵城市建设的主要内容，通过在下垫面铺设渗透性良好、去污能力强的介质，使雨水最大程度地下渗与净化。将建筑垃圾用于雨水渗滤设施构造中，不仅能达到废弃物资源化目的，还能促进雨水系统绿色低碳转型。此外，采用粉煤灰、煤矸石等生产透水砖，也具有明显减排效果。根据《建筑碳排放计算标准》GB/T 51366—2019，黏土空心砖（240mm×115mm×53mm）碳排放量为 250kg CO_2/m^3，而相同规格煤矸石实心砖和煤矸石空心砖碳排放量为 22.8kg CO_2/m^3 和 16kg CO_2/m^3，仅为黏土空心砖的 9.12% 和 6.4%。

7.3.3　替碳路径

拆除各类建筑物、构筑物与管网过程中，将产生各类废弃物。通过对废弃物进行合理处理与回收，生产再生建材，实现废弃物循环与再利用。近年来，随着人们对建筑废弃物管理、资源回收及碳排放的重视，越来越多处置方式纷纷涌现。其中，金属、木材、塑料等 A 类废弃物经筛选后可直接作为再生材料进行重新利用或加工。而水泥、混凝土、瓷砖、砖块等 B 类废弃物可通过一定处理方式进行循环利用；渣土等 C 类废弃物通常无法再循环利用。

对于 B 类废弃物，常见处理方式包括填埋、现场处理、制作再生材料等。填埋指将废弃物运输至填埋场进行填埋，其不需对 B 类与 C 类废弃物进行进一步分拣。但部分废弃物在土地中降解可能产生一定温室气体，尤其是塑料等有机废弃物。现场处理指将各类废弃物分拣筛分后，将 B 类废弃物直接在现场通过移动式破碎机加工为再生骨料。现场处理只能对 B 类废弃物进行简单加工，无法像循环利用场一样生产其他更加复杂的再生材料。其操作更加便捷，无需将废弃物进行转运，可节约运输过程的成本及降低碳排放量。一般来说，回收 A 类废弃物及生产再生骨料所带来的碳抵消量可完全抵消拆除施工产生的碳排放量，达到负碳作用，但现场处理中将产生噪声、扬尘等，对周边环境造成污染与损害；将筛选后的 B 类废弃物运输至循环利用场后，可对其进行较为细致地加工，生产再生材料。若仅生产再生骨料，则较现场处理碳排放量更高，但相差较小。生产再生微粉碳抵消效果最为明显，是再生骨料的 20 倍，甚至较回收 A 类废弃物更为有效。回收 A 类废弃物及生产再生微粉产生的碳抵消量可完全抵消拆除施工产生的碳排放量，达到负碳效果。出售再生骨料收入较高，可达再生微粉的数倍。

7.4 给水与再生水系统

7.4.1 碳减排路径分析

基于给水系统碳排放核算和文献调研分析，给水系统运行维护所排放的温室气体主要来源于电能消耗，其他可能排放源还包括各类材料和药剂消耗，即均属于间接碳排放。其中，长距离输水设施、取水设施和输配水管网温室气体近乎 100% 来自于提升水泵电能消耗；而以地下水、地表水为水源的给水处理厂和以海水为水源的海水淡化厂（反渗透等工艺）温室气体排放总量中，电能消耗也分别占 95%、82% 和 98%。因此，给水系统进行碳减排计划制订的关键在于提高管理水平及优化处理技术，以减少电能消耗。从碳减排计划 4 类行动策略（图 7-4）角度，总结了给水系统可进行减排优化的位点和可用的减排技术方案，如图 7-5 所示。

在源头控制方面，通过用户节约用水、强化用水量计量、梯度计价、水源保护等措施可降低用水量需求，降低取水设施、输配水管网、给水处理的工作（水量和污染物处理）负荷，从而降低温室气体排放量。实际上，再生水系统通过污水再生回用至作物灌溉、绿地浇水或冲厕等措施，同样可等量减少长距离输水、取水设施的工作负荷，其实是一种在系统层面进行源头控制实现碳减排的策略。

在过程优化方面，给水系统运营企业也可采取多种技术措施来降低碳排放量，主要集中在提高水泵运行效率和水资源利用效率，包括管网漏损检测技术、变频调速泵和滤池反冲洗优化等技术应用。

在工艺升级方面，主要指给水系统新型供水方式和高效处理工艺技术开发，如分区域水压控制模式，以及研究较为集中的低能耗海水淡化等革新技术，这样可显著降低能量消耗和碳排放水平。

在低碳能源方面，给水系统也有可实施的行动策略，包括热能提取、势能回收等。但需要注意的是，任何碳减排计划制订和实施均应避免影响用水安全（水质）和用水舒适度（水压），具体可采取行动策略的内容和实施特点见表 7-3。

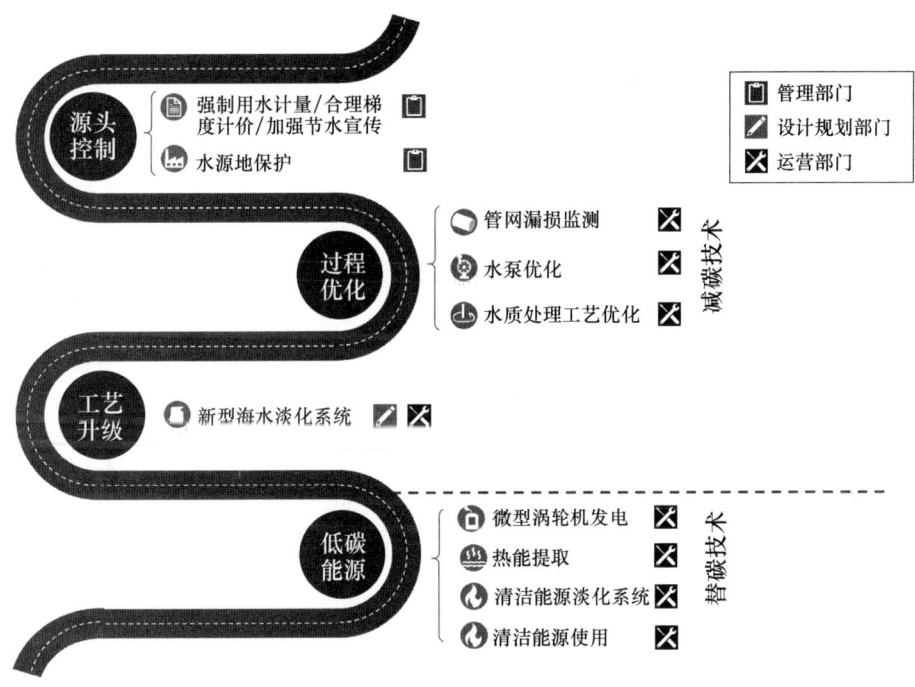

图 7-5   给水系统碳减排路线图

给水系统碳减排技术行动策略   表 7-3

类型	策略	单位	技术内容	实施特点
源头控制	强制用水计量/合理梯度计价/加强节水宣传	管理部门	强制计量水表的安装范围，加强用水监测，合理制定建筑用水效率标准和梯度计价方案，通过宣传教育强化节水行为约束	成本低，需要建立有效监督和长时间的节水宣传教育；实践表明强制用水计量可使每人每天用水量减少 6L
	水源地保护		通过对水源地的保护，减少周围污染物的输入量，可降低给水处理厂的污染物去除负荷，从而可减少电能或化学药剂的消耗，实现碳减排	水源地保护属于系统性工程，涉及多部门联合行动，且随着气候变化和极端天气的增加，保护也将更加具有挑战性

类型	策略	单位	技术内容	实施特点
过程优化	水泵优化	运营部门	根据生活用水量实时调节水泵扬程，实现所需即所供	不仅可减少碳排放量，还可以提升水资源利用效率；标准化成本投资平衡核算，提升该方案实施的动力；工程实践表明，变频水泵相比于传统水泵可降低约50%的能耗和碳排放量
	管网漏损监测		在特定管段位置安装传感器，实时采集管网系统的流量、压力等指标并通过网络传输给电脑端，快速反馈异常管段现象及位置	异常管段数据可视化，检修迅速、精准，减少水资源流失，从而降低供水用电造成的碳排放量；实践表明，其可减少约40%管网漏损水量
	水质处理工艺优化		包括给水处理厂和海水淡化厂，很多工艺存在进一步优化的潜力，如滤池的反冲洗频次、增加膜法的前处理工艺，均可降低其能源消耗量，实现碳减排	工艺的调整和优化与所处理水质有很大关系，即优化依赖于实时信息的采集和决策
工艺升级	新型海水淡化系统	设计规划部门	选用效率更高、能耗更少的新式设备	降低传统技术的能源消耗和碳排放量，仅适用于沿海城市给水系统
低碳能源	微型涡轮机发电	运营部门	根据地势不同，在管道中安装涡轮机，将水流势能转化为机械能进行发电	应平衡势能的回收和水头损失的大小
	热能提取		在管道中使用热交换器回收热能，替代化石燃料能源	减少温度对水环境的污染，充分提升了水的附加值，减少化石燃料的使用
	清洁能源淡化系统		完全利用清洁能源实现海水的淡化过程	适用性广泛，没有任何碳排放
	清洁能源使用		风能、太阳能等清洁能源的使用	充分利用厂区空间进行新能源发电，代替化石能源消耗

7.4.2 减碳路径

1. 管网漏损检测

在相关标准规范中，城市供水管网平均漏损率不应高于10%。《中国城乡建设统计年鉴》（2020年）数据显示，2020年全国城市和县城供水管网综合漏损率为13.26%，部分城市漏损率甚至超过25%。这不仅造成了水资源巨大浪费，也导致给水系统能耗和碳排放量增加。无疑，实施有效管网漏损检测技术有助于及时监测漏损事故，并定位漏损点及时修复，从而通过提高水资源利用效率降低给水系统碳排放强度。实际上，管网漏损技术探究和开发一直是水业重要课题，目前已获得实际应用，例如，借助互联网自动采集与无线传输实现数据分析与反馈，可实现水资源信息实时监控与处理，可对输配水管网水压、水量及水漏损等项目进行实时监测并及时修复，完成运行现况与实时数据同步传输与反馈。工程经验显示，通过智能流量检测、泄露传感与修复等检测和控制手段建设 6 个配水系统，为 15 万用户供给 $1.2 \times 10^5 \, m^3$ 水，12 年间共减少了 $4.7 \times 10^4 \, t \, CO_2\text{-eq}$ 排放，避免了 $2.0 \times 10^8 \, m^3$ 水资源漏损。根据管网漏损智能监测与反馈，及时实施分区域供压控制、老旧设施改造等措施，加快供水管网智能化建设工程，以推进 2025 年国家建设供水管网漏损治理试点工作。

2. 新型海水淡化技术

海水淡化作为一种非传统水源，可解决水量型缺水问题。但无论是蒸馏法，还是反渗透工艺，其生产过程中常常需要耗费大量电能或煤炭等化石燃料，由此将造成大量碳排放。为此，一些新型的海水淡化技术开发，对淡化过程进行了优化或革新，可减少碳排放总量。其中，深海淡化技术和高效吸收式蒸气压缩系统（AB）工艺碳减排优势明显，前者将海水淡化装置淹没于海底，利用自然静水压力作为"膜前压力"，淡化机组通过一条管廊与海岸建立联系，管廊连接电力、通信电缆和处理完成的淡化水，可减少运行维护阶段 40％以上的间接碳排放量；后者通过重复利用最终产生的蒸汽，减少对外部加热蒸汽的需求，从而减少煤炭消耗，可降低运行维护阶段约 73％的间接碳排放量。

7.4.3　替碳路径

1. 水能回收技术

水作为一种能量载体，其中蕴含了多种形式丰富的能源，包括加压而来的势能和自身蕴含的热能。如果能够进行潜能回收则可反哺给水系统运行能耗，从而减少化石燃料消耗，达到替碳、减排的目的。管网中水的势能可采用微型涡轮机发电技术进行回收，在不增加水头损失的前提下，水流管道中安装微型涡轮机发电，年发电量可高达上百万千瓦时，可用作系统智能化监测装置的替代电源。

另外，管网中的水由于温度较低且较为恒定，可承接室内过多的热能，用于建筑制冷极具潜力，借助于水源热泵技术可完全实现。而且，城镇建筑均连接输配水管网，且能保证 24h 供给，保证了作为制冷源的稳定性。借助水源热泵技术，利用给水处理厂进水交换冷量用作夏季制冷应该是一种提升水资源价值和致力于城镇水务系统碳中和的有效手段。所交换出的冷量属于清洁能源，向社会输出可形成负碳效果。

2. 新型海水淡化技术

基于替碳原理，一些利用清洁能源的新型海水淡化技术被开发，替代原本化石燃料，实现碳减排。例如，大型聚光太阳能海水淡化技术，通过建设巨大玻璃穹顶聚光加热海水，使海水沸腾，并附带储能设备（超过 4GW 能源储存）用于夜间或阴天生产。巨大玻璃穹顶附带导热钢轨，使得热量分布更加均匀、提高热能利用率。其运行维护完全不需额外能量投入，因此，不会造成碳排放。

7.5 污 水 系 统

7.5.1 碳减排路径分析

因污水中有机物和含氮化合物浓度较高，导致污水系统运行维护阶段碳排放有别于其他系统，存在相当可观的 CH_4 和 N_2O 排放量（直接碳排放）。由上述碳核算和文献调研可知，污水系统直接碳排放发生活动单元包括化粪池、污水收集管道、CSO 溢流、污水处理厂处理单元以及污泥处理、处置等。据测算，我国城镇化粪池每年产生的 CH_4 总量高达 3×10^7 t CO_2-eq/a，与市政污水处理厂总碳排放量处于同一水平，必然是制订污水管渠设施碳减排计划的重点目标。对于市政污水处理厂，直接碳排放和间接碳排放贡献比例波动较大，其中，污水、污泥处理单元产生的直接碳排放量约占 35%～65%，与进水水质条件、运行工艺水平等因素息息相关，一定是污水系统制订碳减排计划重点关注的环节。对于污水系统碳减排计划的制订，依然可以从 4 类行动策略角度进行考虑分析，如图 7-6 所示。

在源头控制方面，减少进入污水管渠设施和污水处理厂的污水量和污染物总量无疑可降低提升或处理污水所需要的能耗、物耗以及直接碳排放量，可采取的行动策略包括雨污分流、源分离技术等。对于污水系统，源头控制还有其独特的一面，即因地制宜、宽严相济地制定污水处理排放标准，也可从源头上减少去除污染物的能耗等，实现碳减排。

在过程优化方面，污水系统仍可采取一系列措施，并且是目前降低其直接碳排放量最直接和最有效的行动策略。例如，污水管渠断面、坡度优化以降低死区厌氧环境形成，以及污水生物池曝气优化减少 CH_4 或 N_2O 生成的环境条件等；而且，曝气优化联合水泵优化也可以降低电能消耗，减少间接碳排放量。

在工艺升级方面，针对低能耗、低碳、高效的新型污水处理工艺技术探究和研发一直是行业热点，近年来，随着个别紧凑式高效脱氮工艺推广应用，通过新型工艺更新换代实现碳减排也成为可能。

在低碳能源方面，污水系统也具有其自身优势，蕴含其他系统无可比拟的化学能，以及巨大的污水余温热能（占城市总废热排放量的 40%，且是化学能的 9 倍）。通过既有成熟技术——污泥厌氧消化和水源热泵技术，可保证污水系统碳中和实现，并可对外输出能量，助力城镇水务系统碳中和实现。污水系统具体可采取行动策略的内容和实施特点见表 7-4。

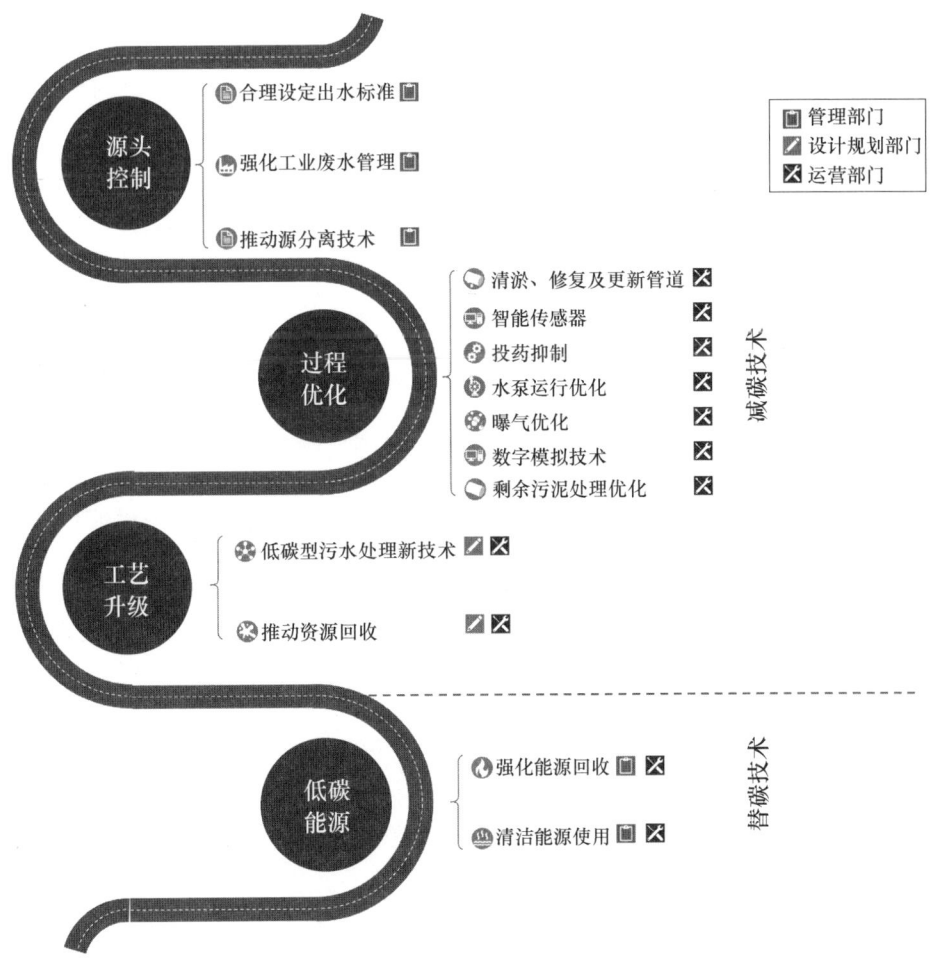

图 7-6　污水系统碳减排路线图

污水系统碳减排技术行动策略 表 7-4

类型	策略	单位	技术内容	实施特点
源头控制	合理设定出水水质标准	管理部门	充分考虑出水排放水体水质状况和环境容量，因地制宜、宽严相济地制定地方出水标准。应充分发挥自然水体的自净能力，受纳水体较为洁净时可适当放低出水标准；若受纳水体水质较差，则应提高出水标准，保护水环境	在保证不影响受纳水体水质条件下，避免盲目追求高标准出水水质而导致高额电耗和药耗，实现碳减排；需要构建自然水体环境水质监测和评估常规机制、加强出水对自然水体环境影响的模拟和反馈，也依赖于其他行业或部门治理提标自然水体行动
	强化工业废水管理		严格工业废水排入市政污水管渠的水质标准，加强工业废水排入点的管理与水质监测	需要建立常规工业污/废水接入市政管网的监管和管理
	推动源分离技术		采用粪尿分离的卫生器具，将粪便、尿液单独收集、输送、处置和利用	卫生器具并不在本指南限定管理边界中，但其升级为源分离便器不仅可对粪尿中营养物循环利用，还可节省用水量、降低污水处理厂氮磷负荷，降低能耗和碳排放量；需进行投资分析，同时依赖政策导向打通上下产业链条，提升该技术吸引力；通过减少污染物负荷，可减少污水处理厂 47～95kg CO₂-eq/（人·a）碳排放量
过程优化	抑制污水管渠 CH_4 产生	运营部门	通过药剂投加、断面优化、强制通风等技术措施减少污水管渠中厌氧环境和死区、抑制甲烷菌活性，从而减少 CH_4 产生	药剂投加和强制通风需要进行成本、能耗、碳排放分析，避免碳排放污染转嫁
	降低电力消耗		主要与提升泵和曝气泵有关，通过更新、升级设备或优化控制，提升设备使用效率，降低电力消耗，包括升级为变频水泵、高效曝气泵，更换为微气泡曝气头，采用前反馈或后反馈曝气优化控制技术，降低运行能耗，减少碳排放量	新式设备购置需要成本投资，投资回报期长降低升级设备积极性；节能潜力与所在地区高度相关，节能减排潜力有限；曝气设备和控制优化应考虑曝气调整对污水处理单元直接温室气体排放的影响；可减少 20%～50% 能耗
	减少污水处理单元直接碳排放		通过污水处理单元参数优化、运行调整、曝气控制等措施，减少易生成 CH_4 和 N_2O 环境，如应用数学模型技术构建运行条件、污染物去除效率、温室气体生成三方关系式，反馈控制优化，节约能量、药剂等消耗，降低碳排放量	数学模型技术比较成熟，也有较多应用案例参考，但其作用发挥依赖于传感器、控制电气设备等的发展；模型的建立与校正对专业知识要求较高
	剩余污泥处理优化		生成减少剩余污泥在厂区内堆放时间，及时进行处理、处置，减少污泥处理处置量，降低处理和场外运输能耗	应与污泥能源化协同进行考虑和设计

类型	策略	单位	技术内容	实施特点
工艺升级	低碳型污水处理新技术	设计规划部门与管理部门	低碳型污水处理新技术指碳排放强度低于目前主流生物处理工艺革新技术，源于降低电力或化学药剂消耗，或降低 CH_4 和 N_2O 生成环境条件和生成排放量，如紧凑型生物处理工艺和高效脱氮工艺，提高处理负荷	技术革新所需周期长、投入大，强化产学研合作；部分新技术仍处于初期阶段，国内应用并不广泛；约可降低 50% 运行电力消耗和碳排放量；部分新技术虽然能够减少电力或化学药剂消耗，但 CH_4 和 N_2O 直接碳排放量并不一定降低；
	推动资源回收		通过水中资源回收代替去除，如磷、挥发性脂肪酸等	资源回收需要顶层设计与政策导向，资源回收项目前期需要大量成本投资，回报周期依产物而不同，应做好成本回报估算和碳排放平衡核算；资源回收需要与其他行业协作，通过碳补偿方式实现城镇水务系统碳减排
低碳能源	强化污水能源回收与清洁能源的使用	管理部门与运营部门	提取或转化污水与剩余污泥中蕴含的化学能、热能等能源，以替代化石能源消耗，如推广或升级传统厌氧消化技术至先进厌氧消化技术（热水解预处理或高固浓度）和水源热泵技术，分别回收污泥中化学能和污水中热能，利用厂区面积收集太阳能与风能	能源回收需要政策导向，厌氧消化设施投资大，占地面积较大，但所产 CH_4 应用范围较广，可水厂自用也可输入市政供气管道；污水热能回收潜力大，场内自用量有限，需通过碳补偿实现碳减排，减排潜能与所在地区有关，需继续完成应用场景开发和评估；能源回收需要顶层设计和政策导向，如允许产生的 CH_4、热能入网；厂区光伏发电能力有限，以污水处理厂为例，约可补偿厂区 10% 耗电量，应用案例详见附录 E.2

7.5.2　减碳路径

1. 源头控制

污水处理厂主要活动为处理生活污水中各类污染物，同时消耗大量能量、药剂，并间接造成了相应温室气体排放与大气污染，有"污染转嫁"之嫌。因此，设法降低所需污水处理程度，即可从源头上有效降低污水处理厂的碳排放水平。

首先，可采取措施削减流入污水处理厂生活污水中的污染物浓度。例如，采取源分离技术，将居民排泄物与一般清洁用水相分离，单独收集、输送与处置。从而截留、分离排泄物中所含有的氮、磷、钾等营养元素，使之用于可持续农业生产。同时，又避免了过剩污染物进入污水处理厂，大幅降低进入污水处理厂氮、磷总量，间接提高进水中的 C/N、C/P 比，相当于增加额外碳源、降低污水处理程度、降低污水处理能耗及碳排放强度。估计其约可减少碳排放量 $47 \sim 95 kg\ CO_2$-eq/（人·a）。

其次，传统污水处理实际是将水环境污染转嫁为大气污染的过程。提高出水水质标准可以降低黑臭水体与富营养化等环境问题风险，但同时也加大了污水处理厂活动水平，向大气中间接排放了更多温室气体。因此，处理标准制定不能仅局限于水环境问题，也应该结合各类环境影响综合评定，确定对环境最有益的方案。另一方面，我国地域广大，气候不一，各地区生活污水呈现出不同特征，各类污染物情况也不尽相同。因此，各地管理部门也应结合各自情况，因地制宜，宽严相济地制定地方标准。

此外，一般来说，工业企业产生的生产废水经处理达标后，允许其排入市政污水管渠，与生活污水一同进行后续处理。但部分企业责任意识淡薄，违规偷排工业废水事件屡见不鲜。水质超标的工业废水会提高污水中污染物浓度，加重污水处理厂的负担，而且，其中很可能含有有毒有害物质，严重影响污水处理厂生物处理效果。治理工业废水违规超标偷排问题，需要管理部门长期严肃地监管，实施强力有效的惩治手段。

2. 污水处理自动化控制

依托于信息技术发展，现代污水处理厂可使用精细传感器与控制设备对水务信息进行采集、传输、存储、处理和服务，提升污水处理效率与效能，亦可实现对污水控制过程全面监测、科学决策、自动控制并及时响应，最终实现污水处理厂自动化运行。

自动化控制核心是科学、可靠、精准的生物处理工艺模型。模型技术可基于微生物生化反应机理及大量运行数据训练，实现对生物反应池中状态进行模拟预测与分析，得出污水处理过程优化与节能降耗优化方案。在数字模拟工具辅助下，指导污水处理厂运营管理、实现精准曝气与回流控制，避免盲目投加各类药剂，可大幅节约运行能源与电力消耗，减少间接碳排放量，助力碳中和目标实现。

精确曝气是自动化控制的关键单元。曝气过程能耗较高，超过污水处理厂运行总能耗的 50% 以上。曝气过程需要进行精准控制。若曝气量不足，则影响微生物生化反应，不能顺利完成污水处理，影响出水水质；若曝气量过高，则又导致较高的能耗及碳排放量。此外，污水中 NH_4^+ 浓度也会影响曝气需求量。根据 NH_4^+ 浓度控制曝气水平，是能够快速、经济降低能耗的方法。精确曝气应用在线监测仪表实时感知污水中溶解氧（DO）、污染物浓度等运行参数，辅以数字模拟技术计算，通过自动控制装置精确调控鼓风机的压力、曝气量，使气水比达理论最佳状态，实现按需供气，从而降低运行维护中的机械磨损及能量消耗。例如，前馈/控制/反馈控制模式，在曝气池进水前端与末端分别安装监测仪表，感知污水中的 DO、NH_4^+、COD、水温等水质参数，而后利用生物模型等数字工具进行模拟计算，得出理论最佳曝气量并自动控制调节鼓风设备。该方法精确度较高，但较依赖监测仪表的感知精度。若仪表发生异常，则将严重影响曝气池的处理效果。随着数字技术、信息技术的发展，如神经网络、人工智能等技术也被逐步引入精确曝气自动化控制系统。

水泵运行优化也是自动化控制的重要单元之一。随着时间推移，水泵不断运行后其部件发生磨损或损坏，导致水泵的效率逐渐下降与损失。其原因包括：（1）机械磨损，如被泥沙磨损、腐蚀性物质腐蚀等；（2）不当操作，如水泵长期不在额定状态运行，对水泵流量、压力管理不当等。为提高水泵运行效率，降低其运行能耗，可从设备维护与运行模式两方面入手。设备维护指对水泵的部件或整体进行维修与更换。例如，更换磨损的叶片，清除管道与水泵内沉积的固体。这需要加强污水处理厂内部管理制度，对厂区内设备进行长期积极的管理，保持最佳设备状态。运行模式优化则指调整、优化水泵运行状态、时段等，达到充分发挥水泵效率的目的。在污水处理厂中，仅少数水泵正常运行，而大多数水泵低效或无效运行的现象时有发生。由此导致大量能量被无效消耗，由此造成额外的温室气体排放。应制订合理的泵房运行模式，选择恰当规格型号的水泵，以发挥水泵的最大运行效率，优化运行能耗与温室气体排放。其需要准确掌握各泵房及水泵的效率数据，以长期历史污水流量、水质等指标为基础，选择与确定最适宜的运行模式。对水泵长期监测可依靠安装额外的监测设备，感知流量、能耗、水泵效率等参数，也可进一步安装管理器自动控制水泵运行状态。相关研究表明，虽然安装这些设备需耗费一定的成本，但很快即可通过水泵提效节能收回。

3. 紧凑型污水处理工艺

污水处理过程中，生物反应器运行需要予以搅拌、曝气并回流，会消耗大量电能，从而产生的间接碳排放量，约占污水处理厂碳排放总量的 18%。因此，通过提高污水处理效率与负荷，缩小反应器体积，则可减少其规划建设中施工及建材消耗产生的碳排放量，以及运行维护中各类机械运行消耗电能、处理消耗药剂等产生的间接碳排放量。

例如，好氧颗粒污泥（AGS）工艺，利用了微生物团聚形成的密实结构，其密度及生物量较传统工艺都有明显提高。由于氧气扩散受限，AGS 内部微生物形成了层状结构。最外层为利用氧气降解有机污染物的异养细菌；中间层为利用氧气进行硝化作用的硝化细菌；最内层为偏好厌/缺氧环境的反硝化细菌及聚磷菌。这种多层次的结构使得 AGS 可同时同步进行 COD、氮、磷的同步去除。其反应器占地面积通常仅为同规模污水处理工艺的 1/4，整体设计简约紧凑。而其运行维护中生化反应产生的 N_2O 水平与传统污水处理厂相当。但其需要的机械设备也较少，不需污泥回流泵等设备，可节约 25%～30% 总能耗。其工艺过程需求曝气量更低，可节约 30% 能耗。AGS 工艺总体可减少共 30%～50% 能量消耗，且不需额外投加化学药剂。

4. 高效脱氮技术

氮是生活污水中主要污染物之一。排放至自然水体中的氮浓度超标将导致黑臭水体及水体富营养化等环境问题。传统污水处理中采用的生物脱氮工艺反应过程复杂，需要好氧及缺氧环境，因而反应器容积大，运行设备多，磨损及能耗高。此外，传统生物脱氮过程还需消耗一定量的有机碳源。若生活污水有机物（COD）含量不足时，则可能反而需要污水处理厂额外投加有机碳源，由此产生额外的碳排放量。因此，采用高效脱氮工艺，缩短脱氮流程，减少反应器容积及机械能耗，节省药剂消耗，可以有效降低脱氮过程中产生的间接碳排放量。

例如，短程硝化反硝化工艺利用亚硝化细菌（AOB）与硝化细菌（NOB）对氧气亲和能力的不同，控制硝化反应只进行到 NO_2^- 为止，随后再进行反硝化反应，因此，可缩短脱氮反应流程。由此便可增大反应器处理负荷，缩小反应器体积，减少碳排放量，降低对碳源与 O_2 的需求，减少曝气过程能耗，削减因电力消耗导致的间接碳排放量。

再如，厌氧氨氧化反应（ANAMMOX）是利用相关微生物的活动，在厌氧环境中，以 NO_2^- 为电子受体，将 NH_4^+ 直接氧化为 N_2。相比于传统污水脱氮工艺中将 NH_4^+ 氧化至 NO_3^-，再还原至 N_2 般"舍近求远"的处理过程，ANAMMOX 反应流程要短得多，且不需消耗有机物（COD）及 O_2，由此便减少了脱氮过程中所需的机械耗能与磨损，尤其是曝气过程，其节省能源可达 60% 之多，大幅减少了碳排放量。

5. 污水资源回收

市政污水及剩余污泥中富含多种资源，如磷、大分子有机物等高附加值产品。经过适当处理对其进行回收并循环利用，不仅可以产生一定的经济效益，也可作为相应产品的替代品，因而缩短了原产品及其原材料的开采、生产过程，减少了其碳排放总量。

例如，从污水或剩余污泥中回收磷资源。磷是生命必需的重要元素，是现代农业不可缺少的营养成分，但它同时也是一种不可再生资源。由于现代社会对磷粗放式开采与管理，使大量磷最终归宿沉积于海底。生活污水与剩余污泥中富含丰富的磷资源，采用适当手段进行回收，并初步加工为低级产品，可替代化石肥料的开采与消耗，间接减少其生产所导致的碳排放量。目前磷回收技术主要可分为：（1）自含磷水相，如 AAO 工艺厌氧池上清液及污泥消化液中，回收率为 40％～50％；（2）自含磷固相，如消化污泥或脱水后消化污泥中；（3）自污泥焚烧灰分中，回收流程可达 90％。

再如，从剩余污泥中回收类藻酸盐（ALE）产品。藻酸盐是一种具有高附加值的生物聚合物，其凝胶强度高，增稠性好，保水能力强，用途十分广泛。目前工业上藻酸盐主要来源于大型海藻（海带），其提取过程中产生大量工业废水，并消耗大量煤炭、酸、碱等化学品。研究发现，在常规的活性污泥工艺中，微生物均可利用污水中的有机物合成并保持较高含量的类藻酸盐，其含量可高达 10％～35％（污泥干重）。污水合成 ALE 技术可拓宽污泥资源化渠道，促进污水处理厂向社会输出高品质产品，间接降低了生产所导致的碳排放量。ALE 易于生物降解，亦可缓解与根治塑料制品导致的垃圾污染，助力社会的可持续发展。

7.5.3 替碳路径

1. 化学能回收

生活污水与剩余污泥中含有大量有机物及其蕴含的化学能，通过厌氧消化工艺，可将其转化为沼气，随后通过直接燃烧或发电的方式，将之转化为热能或电能，以此抵消污水处理厂能量消耗，减少碳排放量。厌氧消化输出能量能够抵消曝气、回流、消化池加热等环节能量消耗，甚至可达成污水处理厂能量中和，但难以实现碳中和。中国污水水质情况仅可抵消一半左右的碳排放量。

将污水处理厂产生的剩余污泥进行焚烧，可释放出大量热能，实质是源于生活污水中有机物携带的化学能。通过焚烧方式可以更加彻底转化并释放污泥中所蕴含的有机能，并通过热电联产（CHP）方法将之转化为电、热等二次能源，抵消污水处理能耗或向厂区外输出。从能源回收角度出发，剩余污泥作为厌氧消化原材料，已不再是污水处理厂的负担，反而成为重要的"能源"载体。剩余污泥产量取决于生活污水中有机物的含量，低 COD 负荷将导致污泥量减少。我国污水中有机物含量较欧美国家低得多。也就是说，我国市政污水处理仅靠剩余污泥所回收的能源难以达成碳中和的目标，只有进行污泥增量。在此方面，污泥共消化技术似乎可行，借助外源厨余垃圾、粪便、有机废物等实现。但需要明确的是，这种共消化其实并非发掘内源产生的有机能源，即使实现污水处理碳中和也非真正实现碳中和，只能算作一种"伪中和"。

2. 污水余温热能提取

居民日常生活用水中，常常需要对自来水进行加热洗浴、烹饪等。因此，生活污水相对于给水来说会被升温。城镇生活污水四季温度变化不大，流量稳定，具有冬暖夏凉的特点，可以作为稳定的冷、热交换源，可以通过水源热泵技术从污水处理厂处理出水中交换热能予以实现。从污水中提取的热能属于低品位能源（40～80 ℃），难以用于发电，只能进行直接利用，考虑热量散失，有效输送距离仅为3～5 km。这就决定了污水余温热能应在污水处理厂原位或在其周边就近利用。余温热能可向厂外输出，为周边建筑供暖，提供热能，也可在污水处理厂厂区内原位利用，如低温干化剩余污泥等。

污水余温热能向外输出是一种极具潜力的替碳手段，提取4℃能量时，其蕴含的理论热能为4.64kWh/m³。通过水源热泵交换热能可获取1.77kWh/m³热能（转化率38％，COP＝3.5）及1.18kWh/m³冷能（转化率25％，COP＝4.8），可达污水中化学能的9倍之多。若使用污水余温热能回收技术，并向周边建筑输出能量，则仅需9.8％热能或14.7％冷能，便可轻松弥补能量赤字，通过碳交易间接达成碳中和。因此，污水处理厂也不必再纠结于将污水中有机物（COD）转化为能量，可转向于回收其中的高附加值产品。作为一种清洁能源，污水余温热能回收利用的关键不在于技术迭代，而在于管理部门给予肯定和政策支持，通过给予污水处理厂"碳税减免"或"碳交易"方式推动其推广与发展。

7.6 雨 水 系 统

7.6.1 碳减排路径分析

雨水系统碳排放主要来自于规划建设阶段。在压力流系统以及低洼点位排水过程中，随着水泵使用也会造成一定碳排放。在雨水系统规划建设过程中，应优先使用绿色基础设施、绿色建材；在运行过程中，雨水排放量直接决定了雨水系统碳排放活动水平，应大力提倡源头减量措施、优先采用重力流系统、尽快实现雨污分流。雨水系统与城市生态系统相融，在雨水资源利用、雨水系统冷源利用、雨水系统空间利用、植物增汇等方面均具有较大潜力，有助于城镇系统整体的温室气体减排。雨水系统碳减排路线如图 7-7 所示。

在源头控制方面，减少雨水处理量是关键。优先利用自然排水系统和源头减量设施，减少雨水集中排放，实现雨水的自然积存、自然渗透、自然净化和可持续水循环，可有效降低雨水系统碳排放量，同时实现内涝缓解、水环境改善等多重目标。在雨水系统规划建设中，优先使用绿色设施、绿色建材，可以大幅减少规划建设产生的碳排放量。

在过程管理方面，优先重力流、实现雨污分流是关键。重力流可大幅度减少泵站相关碳排放量；雨污分流既有利于雨水资源后续利用，避免污水外排，也有利于污水系统碳减排。从碳排放角度看，雨水处理厂、深隧工程等以大型灰色设施为主，规划建设产生的碳排放量巨大；运行维护也不可避免地使用泵站设施，其碳排放量也不容小觑，应谨慎实施。

在资源利用方面，雨水资源最大限度利用是关键。雨水是重要的非传统水源，雨

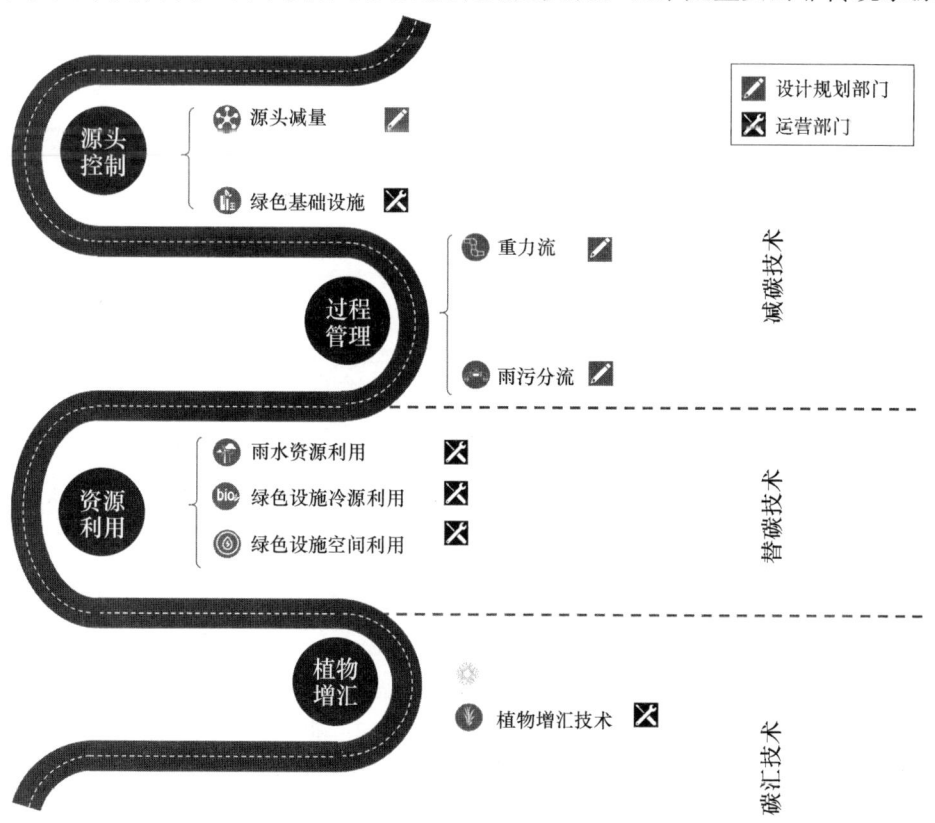

图 7-7 雨水系统碳减排路线图

97

水资源利用既可节约水资源，也可有效减少给水系统的碳排放量。同时，雨水系统与城镇生态系统相互融合，具有丰富的冷源和空间资源。协同雨水系统和建筑环境来减少制冷能耗、利用雨水系统空间发展光伏等可再生能源，也具有非常大的碳减排前景。

在植物增汇方面，绿色设施是关键。在雨水系统中采用绿色设施，如绿色屋顶、雨水花园、植草沟、生物滞留池等，在实现雨水径流控制目标、提升人居环境的同时，也具有较好的碳汇功能。

雨水系统具体可采取行动策略的内容和实施特点见表 7-5。

雨水系统碳减排技术行动策略　　　　　　　　　　表 7-5

类型	策略	单位	技术内容	实施特点
源头控制	源头减量	设计规划部门	合理控制开发强度，保留足够的生态用地，控制不透水面积比例，最大限度地减少对城市原有水生态环境的破坏，同时，根据需求适当开挖河湖沟渠、增加水域面积，促进雨水的积存、渗透和净化	实现城市良性水文循环，提高对径流雨水的渗透、调蓄、净化、利用和排放能力
	绿色基础设施	运营部门	发挥绿色设施本身具有的固碳功能的同时带动其他方面发展，如降低建筑能耗、节约用水量等	能够利用自身的特点提升城市面对气候变化等方面的韧性，协同效应显著
过程管理	重力流	设计规划部门	根据坡度、雨水水质、水量变化规律，调节、优化泵站的运行模式，确定最佳泵送方案，使用重力流，减少泵排系统使用，从而节约运行能耗	成本及作业较少，可有效降低运行能耗及成本
	雨污分流		将生活污水，工业废水和雨水混合在同渠内排除的排水系统改为各自独立的管道系统	可控制很大一部分的水质污染，在降低污水处理厂运行负荷同时也降低雨水系统的额外处理量
资源利用	雨水资源利用	运营部门	从不同途径收集的雨水经简单处理后，可回用于浇灌、冲洗厕所、洗车、墙面绿化，替代水源，作为饮用水源等	集雨效率高，增加可利用水资源量
	绿色设施冷源利用		发挥绿色设施本身具有的固碳功能的同时带动其他方面发展，如降低建筑能耗、节约用水量等	能够利用自身的特点提升城市面对气候变化等方面的韧性，协同效应显著
	绿色设施空间利用		利用绿色设施空间，发展建设光伏电站	推广性强，有效节约能源，降低碳排放量，发展潜力高
植物增汇	植物增汇技术		在雨水系统中采用绿色设施，如绿色屋顶、雨水花园、植草沟、生物滞留池等	实现雨水径流控制目标、提升人居环境的同时，具有较好的碳汇功能

7.6.2　减碳路径

1. 源头减量

源头减量的核心是构建与自然相适应的城镇排水系统，通过分散式设施减少雨水径流量。雨水径流总量减少可有效降低雨水系统运行维护的碳排放量。通过源头减量措施，一般可提高 60% 左右的年径流总量控制率，减少 60% 以上的雨水排放量。参照泵站运行能耗，单泵、双泵全速运行所用单位流量电耗在 $45.50 \sim 54.40 \mathrm{kWh}/10^3$ m^3 之间，在采用泵站排水的情况下，雨水径流总量控制可在运行维护阶段减少碳排放量 $26.57 \sim 31.76 \mathrm{kg}/10^3 \mathrm{m}^3$。

2. 绿色基础设施

城市雨水系统规划建设中采用绿色设施替代钢筋混凝土设施，可大幅度减少雨水系统规划建设温室气体排放。例如，在达到相同雨水控制率条件下，根据指南核算结果（附录 C.5），钢筋混凝土雨水调蓄池建设总碳排放强度为 $513.32 \mathrm{kg\ CO_2\text{-}eq}/\mathrm{m}^3$（按蓄水容量计算），而大多绿色设施规划建设碳排放强度在 $200 \mathrm{kg\ CO_2\text{-}eq}/\mathrm{m}^2$ 以下，甚至低于 $100 \mathrm{kg\ CO_2\text{-}eq}/\mathrm{m}^2$，减排率达 80% 以上。在规划建设中混凝土衬砌沟渠建设碳排放量为钢筋混凝土管的 50% 左右，植草沟建设碳排放量几乎为零。

绿色基础设施可减少不可再生材料使用量，减少施工过程中的土方工程量，在正常维护情况下比灰色设施具有更长使用寿命，在资产重置与拆除阶段只有少量设施需要异地处置，大幅度降低了资产重置与拆除阶段碳排放量。再加上由于水流在灰色设施无法下渗，在达到相同雨水控制率的条件下，灰色设施往往要建造更大，消耗更多排放系数较大的建材。同时绿色设施中的植物可作为碳汇。

所以在满足设计需求情况下，可考虑采用绿色基础设施代替灰色设施，例如，用生态沟渠替代灰色明渠。

3. 重力流管渠

在雨水管道设计时，要同时保障设计最小坡度与最小流速，同时，受当地地下水位、管道覆土厚度、排放位点距离和管道服务区域水量等因素影响，对管道进行铺设。排水管渠系统的设计，应以重力流为主，不设或少设提升泵站。

雨水管渠系统碳排放主要来自管网泵站建设和泵站提升时造成的碳排放，采用压力流，泵站运行消耗大量电力，造成间接碳排放，同时对泵站、泵房的额外建设产生的间接碳排放量相对较多。从雨水控制角度看，暴雨径流量大，泵站建设规模与投资也随之增加，部分地区从全年来看，雨水泵站所需运行时间并不长，利用率低，并不经济。

参照泵站运行能耗，单泵、双泵全速运行所用单位流量电耗在 $26.57\sim31.75$ kg CO_2-eq/10^3 m^3 之间，碳排放量占比较大。所以，应尽可能充分利用当地水系流向、地形等，尽可能减少泵排系统，调整为重力流排放。

4. 雨污分流制排水系统

合流制排水系统是将生活污水、工业废水和雨水混合在同渠内排除的排水系统。分流制排水系统则将生活污水、工业废水和雨水分别在两个或两个以上各自独立管道内排除。在降雨时，雨水、生活污水等混合后进入合流制排水系统，在进入雨水湿地等绿色设施时，由于污染物浓度高、进水水质差，提高了设施的处理负荷，并且混合水中微生物、更多的有机物质也加大了雨水湿地碳排放量。若采用分流制排水系统，保证进入雨水设施内的是污染物浓度低、水质较为干净的雨水，则会避免这个问题。此外，当分流制排水系统内雨水进入调蓄池等集蓄设施后，由于其水质较洁净，经过简单的沉淀和消毒后，可作为绿化、道路浇洒用水等就地利用。而当采用合流制排水系统时，调蓄池进水污染物浓度高，导致在利用时需要更复杂的净化处理过程，甚至只能在降雨过后排入污水处理厂做后续处理，进而大幅增加碳排放量。不仅如此，合流制排水系统管道内污水与雨水一同流入污水处理厂，再经由水泵提升至处理设施。而分流制排水系统中雨水有独立的排放管道，不会与生活污水或工业废水混合，可控制 70%～80% 的水质污染，因此，大幅降低了降雨期间污水处理厂的运行负荷。流量更小且更稳定的污水避免了厂前水泵高负荷运转，同时也不用在降雨时因为管道内水流的负荷启动备用泵。在 7.5.2 节污水系统减碳技术分析中也有提到，若采用分流制排水系统，不仅可以为污水处理厂减少大量的电能消耗，同时为雨水处理系统减少额外的处理过程，减少间接碳排放量。

7.6.3 替碳路径

1. 雨水资源利用

雨水污染程度轻，pH 呈中性，含盐量很少，硬度很低，无需进行软化，收集的雨水经简单处理后，可用于家庭、公共场所和企业的非饮用水，也可直接回用于浇灌、冲厕、洗车等。由于雨水不进入城市雨水管网，也可同时减轻城市防洪排水和处理系统的负荷。在严重缺水区域，可利用雨水生产饮用水。雨水生产饮用水具有很好的经济性，运营成本预估为 $1.5 \sim 2.5$ 元 $/m^3$。

2. 绿色设施冷源利用

绿色基础设施不仅能够通过自身的韧性有效应对气候变化，也能够利用自身特点提升城市面对气候变化的韧性。绿色设施通过生态滞留设施、下沉式绿地、绿色屋顶等技术手段，可以大幅增加绿化面积，而绿化率提高可以明显改善城市热环境。首先，植物可以通过蒸腾作用吸收大量的热，绿色植被本身就有固碳功能，利用植物的光合作用吸收 CO_2，减小大气中 CO_2 的浓度，抑制温室效应，释放 O_2，从而达到降温的效果。其次，绿地中的水体比热容较大，可以控制温度快速升高。最后，植物可以滞留大气中的粉尘，减少太阳辐射热吸收，进一步发挥削减热岛效应的作用。研究表明，绿色基础设施的使用会使环境温度降低 $7 \sim 8\,^{\circ}\text{C}$。

通过与环境融合，绿色设施可以有效降低城市热岛效应，从而降低建筑制冷能耗；同时，对居民生活以及健康产生积极的影响，热岛效应缓解为居民提供了更加舒适的居住环境，室内空气流通更加顺畅，减小了因热岛效应而引起疾病的病发率。热岛效应缓解使得神经系统患病率降低 30%。建筑内制冷系统使用时间大幅降低，节省大量电力消耗的同时间接减少碳排放量。以绿色屋顶为例，通过植物的蒸腾作用以及大面积遮阳，避免了太阳光的直射，可明显降低屋顶表面和周围环境空气的温度，从而减少其所在建筑制冷能耗。研究表明，简单式绿色屋顶绿化系统每年可节省空调降温能耗 $6.31\text{kWh}/m^2$，减少碳排放量 $10.00\text{kg CO}_2\text{-eq}/（m^2 \cdot a）$。

3. 绿色设施空间利用

太阳能是一种适合就地、就近开发利用的清洁可再生能源。以绿色基础设施为主体的雨水控制利用系统与光伏发电设施有机结合，可以充分利用绿色设施的空隙以及向阳面等适宜空间场地，保证雨水系统运行效率的同时达到降碳减耗的目的。例如，绿色屋顶这类具有较高无遮挡平面的绿色设施，可以发挥其空间优势安装分布式光伏发电设施或雨水花园这类所处平面较低的绿色设施，可充分利用其向阳面安装小面积光伏发电设施，同时绿色设施的绿色生态环境还能使光伏组件温度保持在更低的范围内从而助力光伏发电量的提升，为雨水系统提供更多的绿色电能。在使用光伏设施发电后，绿色设施使用的能源将从传统能源转向低碳能源。例如，光伏发电设施可利用太阳能发电从而代替雨水管渠系统的提升泵所使用的传统常规能源。并且光伏发电设施还能应用于雨水花园等这类具有景观性的雨水控制设施的自动化雨水灌溉装置或其公共照明系统，如地灯的供电等。

7.6.4 碳汇路径

碳固存指将大气中的 CO_2 作为有机物长期储存于植物和土壤当中。绿色植被覆盖区域是产生碳汇的主要区域。与其他水务系统不同，雨水系统中绿色设施在实现雨水径流源头控制目标、提升人居环境质量的同时，设施组合形成的绿色空间还具有不同程度的碳汇潜力。此外，雨水系统绿色空间与城市其他绿色区域衔接、串联，形成点—线—面相结合的城市绿色网络，为水务系统碳中和提供绿色支撑。

生物多样性高的生态系统比生物多样性低的生态系统可吸收和封存更多的碳，绿色设施组成的绿色空间在其生命周期中的碳汇能力具有显著差异。研究表明（表7-6），超过30年生命周期的生物滞留设施的固碳量约为 $44.2\pm35.8kg\ CO_2\text{-eq}/m^2$；30年生命周期植被过滤带的固碳量约为 $8.57\pm2.3kg\ CO_2\text{-eq}/m^2$；据估计，30年生命周期内雨水花园固碳量约为 $75.5\pm68.4kg\ CO_2\text{-eq}/m^2$；40年生命周期绿色屋顶的固碳量约为 $58.4\pm24.7kg\ CO_2\text{-eq}/m^2$。在众多绿色设施中，植被缓冲带、生物滞留设施、雨水花园、绿色屋顶的固碳量显著。因此，可根据规划区域条件，适当提高绿色屋顶、雨水花园等固碳量显著的绿色设施比例；依据地区环境条件等，选取固碳系数高的植物作为绿色空间主要植被等。对于不同设施的具体碳汇潜力，还需实地测量获取更精确的数据；在实际应用方面，应综合考虑多方因素，因地制宜合理规划建设。

典型雨水控制绿色设施固碳量　　　　　　　　　　　　　表7-6

绿色设施	生物滞留设施	植被过滤带	雨水花园	绿色屋顶
生命周期（a）	30	30	30	40
固碳量（kg CO_2-eq/m^2）	44.2±35.8	8.57±2.3	75.5±68.4	58.4±24.7

在实际规划建设应用中，应综合考虑地理位置、气候条件、植物多样性和生长状况等因素，因地制宜统筹规划、优化空间布局，完善城市绿色空间体系，实现可观的"碳回收"效益。

第8章 数据获取与管理

8.1 概 述

城镇水务系统包含的系统模块类型和对应的碳排放活动较多，不同系统、不同碳排放活动进行碳排放量核算时所需数据类型和数量也并不统一。城镇水务系统碳排放核算所需数据主要包括两类，即活动数据和排放因子。为更好地提升数据的精度和代表性，确保核算结果的准确度，本章总结和规范了城镇水务系统在规划建设、运行维护及资产重置与拆除阶段所需统计或检测的数据类型和要求。其中，需要检测的数据对应的检测方法首选引用已有检测技术规范，若缺少相应的技术规范，本章提供了文献参考。在碳排放核算整个过程中，报告主体应加强碳排放数据管理工作，包括：

（1）建立碳排放核算和报告规章制度，包括负责机构和人员、工作流程和内容、工作周期和时间节点等；指定专职人员负责碳排放核算和报告工作；

（2）根据各类型碳排放位点重要程度进行等级划分，并建立碳排放位点一览表，对不同等级排放位点的数据及排放因子获取提出相应要求；

（3）对现有监测条件进行评估，不断提高自身监测能力，并制订相应监测计划，包括对活动数据的监测和对排放因子的监测或更新等；

（4）定期对测量器具、设备或在线监测仪表等进行管理维护，并记录存档；建立健全碳排放数据记录管理体系，包括数据数值、数据来源、获取方法、获取时间、相关责任人等信息，并记录存档；

（5）建立碳排放报告内部审查制度，定期对碳排放数据进行交叉校验，对可能产生的数据误差风险进行识别，并提出相应解决方案。

8.2 活 动 数 据

给水系统碳排放核算主要涉及不同能源种类、不同材料的获取与消耗，所需要的活动数据及获取方法见表 8-1。污水系统碳核算除涉及能源和材料消耗之外，还涉及污水本身由于有机物或氮化合物存在而导致的直接碳排放，进行碳排放核算所需数据更多、更加复杂，具体活动数据及获取方法见表 8-2。再生水系统与雨水系统碳核算需要获取的活动数据及方法分别见表 8-3 及表 8-4。

给水系统碳排放核算所需统计和监测数据清单 表 8-1

阶段	活动数据	关联核算公式	数据要求及建议	获取来源、参考规范或方法
规划建设[1]	化石燃料消耗种类和消耗量	(4-1)	整个施工周期[2]	施工方台账获取
	机械台班种类和使用数量[3]	(4-2)	整个施工周期	施工方台账获取
	电能消耗量	(4-3)	整个施工工期	施工方台账获取
	建筑材料类型和消耗量	(4-4)	整个施工工期	施工方台账获取
	建筑材料每一批次的运输量、运输方式和运输距离	(4-5)	整个施工工期	施工方台账获取
运行维护	电能消耗量	(5-2) (5-3)	连续监测一个自然年[4]	运行台账可通过查读电表获得，取年末（当年 12 月 31 日）与年初（当年 1 月 1 日）电力总表读数差值；也可根据与电力供应部门的结算凭证获取
	化学药剂等材料消耗种类和消耗量	(5-4)	连续监测一个自然年	运行台账可根据给水系统运营单位统计记录或与供应企业购买合同获取
	化学药剂等材料每一批次的运输量、运输方式和运输距离	(5-5)	连续监测一个自然年	
	处理水量		连续监测一个自然年	《水资源（水量）监测技术规范》DB37/T 3858—2020
	原水浊度、色度		每日监测	《水资源（水量）监测技术规范》DB37/T 3858—2020
	排泥水 SS 含量			
资产重置与拆除	化石燃料消耗种类和消耗量	(6-1)	整个施工周期	施工方台账获取
	机械台班种类和使用数量	(6-2)	整个施工周期	施工方台账获取
	电能消耗量	(6-3)	整个施工工期	施工方台账获取
	建筑垃圾产生量、运输方式和运输距离	(6-4)	整个施工工期	施工方台账获取
	回收材料碳补偿	(6-5)	整个施工工期	施工方台账获取

[1] 规划建设活动数据获取困难时，可使用设计规模或建设总投资，结合 4.6 节图表进行粗略估算；
[2] 施工周期是指建设项目从正式工程开工到全部投产使用为止的持续时间；
[3] 非必须统计项，当统计化石燃料的种类和消耗量较为困难时，可统计该项用于替代核算；
[4] 运行稳定后的一个自然年，若当地的能源结构有重大变化或厂区工艺有重大升级等，应重新统计用于核算。

污水系统碳排放核算所需统计和监测数据清单 表 8-2

阶段	活动数据	关联核算公式	数据要求及建议	获取来源、参考规范或方法
规划建设[5]	化石燃料消耗种类和消耗量	(4-1)	整个施工周期[1]	施工方台账获取
	机械台班种类和使用数量[2]	(4-2)	整个施工周期	施工方台账获取
	电能消耗量	(4-3)	整个施工工期	施工方台账获取
	建筑材料类型和消耗量	(4-4)	整个施工工期	施工方台账获取
	建筑材料每一批次的运输量、运输方式和运输距离	(4-5)	整个施工工期	施工方台账获取
运行维护	电能消耗量	(5-2)	连续监测一个自然年	运行台账可通过查读电表获得，取年末（当年 12 月 31 日）与年初（当年 1 月 1 日）电力总表读数差值；也可根据与电力供应部门的结算凭证获取
	化学药剂等消耗种类和消耗量	(5-3)	连续监测一个自然年	运行台账可根据污水处理厂统计记录或与供应企业购买合同获取
	化学药剂等每一批次的运输量、运输方式和运输距离	(5-4)		
	污水管渠设施			
	化粪池进水水量、COD 浓度	(5-10) (5-12)	核算边界内所有的化粪池均需检测/每月均匀监测 4 次，持续一个自然年[4]	24h 等比例混合采样/《污水监测技术规范》HJ 91.1—2019
	化粪池服务人口当量数[3]	(5-13)	核算边界内接入化粪池设施的人口当量	统计
	污水管渠直径、坡度和长度，污水温度、转输水量	(5-14)	核算边界内所有污水管渠，按照同径连续段为单位进行统计监测/每月均匀监测 4 次，持续一个自然年	管道直径等信息由市政污水管渠设计方获取，输水量温度监测获取/《污水监测技术规范》HJ 91.1—2019、《城镇污水水质标准检验方法》CJ/T 51—2018
	污水管渠中污水平均有机物、总氮浓度	(5-15～5-16) (5-18)		
	CSO 溢流水量和 COD、TN 浓度	(5-17) (5-20)	核算边界内所有合流制管道的溢流口/每次溢流水量和水质	24h 等比例混合采样/《污水监测技术规范》HJ 91.1—2019、《城镇污水水质标准检验方法》CJ/T 51—2018
	污水提升泵工作扬程和效率	(5-3)	核算边界内所有污水提升泵	由市政污水管渠设计方获取

阶段	活动数据	关联核算公式	数据要求及建议	获取来源、参考规范或方法
	污水处理厂			
运行维护	污水处理厂进、出水流量	(5-31～5-34) (5-35～5-45)	每年应均匀选取 6 个月,于测量月份第 1 周进行监测。应选取至少 2 个采样点,包括初沉池出水或生物反应池进水处及污水处理厂二级出水。考虑居民用水习惯在不同时段内的不同规律,监测时应每日多次均匀采样,采样以至少 6 次为宜。日监测结果可采用当日样品检测结果算术平均值。最终以月检测结果为主,取当月检测结果算术平均值	监测
	污水处理厂进水与出水 BOD$_5$、TN 浓度	(5-21～ 5-30)		《城镇污水水质标准检验方法》CJ/T 51—2018
	生物反应池 HRT、水温、MLVSS 浓度	(5-21～ 5-23)		
	剩余污泥产出量(厌氧消化处理)	(5-35～ 5-36) (5-40～ 5-41)	应每日采集样品,进行测量。以月监测结果为组,取当月检测结果算术平均值	《城市污水处理厂污泥检验方法》CJ/T 221—2005
	污泥厌氧消化前后 VSS 含量	(5-35) (5-40)		
	厌氧消化沼气收集量	(5-36) (5-41)		
	污泥干重	(5-37～ 5-39) (5-40～ 5-43)		
	剩余污泥 TOC 含量	(5-37～ 5-39) (5-42)		《土壤 有机碳的测定 重铬酸钾氧化-分光光度法》HJ 615—2011 《土壤 有机碳的测定 燃烧氧化-滴定法》HJ 658—2013 《土壤 有机碳的测定 燃烧氧化-非分散红外法》HJ 695—2014
	剩余污泥 DOC 比例	(5-37～ 5-39) (5-42)		可取 IPCC 推荐值 50%,或参考(郭恰. IPCC 污泥碳排放核算模型中 DOC 取值的不足与修正 [J]. 中国给水排水, 2020, 36 (16):49-53.)

阶段	活动数据	关联核算公式	数据要求及建议	获取来源、参考规范或方法
运行维护	每日向厂外输出再生能量	(5-31～5-32)	连续监测一个自然年	运行台账可根据污水处理厂统计记录或与下游企业的结算凭证为准
	每日向厂外输出再生产品	(5-33)	连续监测一个自然年	
资产重置与拆除	化石燃料消耗种类和消耗量	(6-1)	整个施工周期	施工方台账获取
	机械台班种类和使用数量	(6-2)	整个施工周期	施工方台账获取
	电能消耗量	(6-3)	整个施工工期	施工方台账获取
	建筑垃圾产生量、运输方式和运输距离	(6-4)	整个施工工期	施工方台账获取
	回收材料碳补偿	(6-5)	整个施工工期	施工方台账获取

[1] 施工周期指规划建设项目从正式工程开工到全部投产使用为止的持续时间；
[2] 非必须统计项，当统计化石燃料的种类和消耗量较为困难时，可统计该项用于替代核算；
[3] 非必须统计项，当化粪池进水水量和水质数据不可得时，可采用此项用于替代核算；
[4] 运行稳定后的一个自然年，若当地的能源结构有重大变化或厂区工艺有重大升级等，应重新统计用于核算；
[5] 规划建设活动数据获取困难时，可使用设计规模或建设总投资，结合 4.6 节图表进行粗略估算。

再生水系统碳排放核算所需统计和监测数据清单　　　　　　　　　　表 8-3

阶段	活动数据	关联核算公式	数据要求及建议	获取来源、参考规范或方法
规划建设[4]	化石燃料消耗种类和消耗量	(4-1)	整个施工周期[1]	施工方台账获取
	机械台班种类和使用数量[2]	(4-2)	整个施工周期	施工方台账获取
	电能消耗量	(4-3)	整个施工工期	施工方台账获取
	建筑材料类型和消耗量	(4-4)	整个施工工期	施工方台账获取
	不同建筑材料每一批次的运输量、运输方式和运输距离	(4-5)	整个施工工期	施工方台账获取
运行维护	电能消耗量	(5-2)(5-3)	连续监测一个自然年[3]	运行台账可通过查读电表获得，取年末（当年 12 月 31 日）与年初（当年 1 月 1 日）电力总表读数差值；也可根据与电力供应部门的结算凭证获取
	化学药剂等材料消耗种类和消耗量	(5-4)	连续监测一个自然年	运行台账可根据污水处理厂统计记录或与供应企业购买合同获取
	化学药剂等材料每一批次的运输量、运输方式和运输距离	(5-5)	连续监测一个自然年	运行台账可根据污水处理厂统计记录或与供应企业购买合同获取
	处理水量		连续监测一个自然年	《水资源（水量）监测技术规范》DB37/T 3858—2020

阶段	活动数据	关联核算公式	数据要求及建议	获取来源、参考规范或方法
资产重置与拆除	化石燃料消耗种类和消耗量	(6-1)	整个施工周期	施工方台账获取
	机械台班种类和使用数量	(6-2)	整个施工周期	施工方台账获取
	电能消耗量	(6-3)	整个施工工期	施工方台账获取
	建筑垃圾产生量、运输方式和运输距离	(6-4)	整个施工工期	施工方台账获取
	回收材料量	(6-5)	整个施工工期	施工方台账获取

1 施工周期指规划建设项目从正式工程开工到全部投产使用为止的持续时间；
2 非必须统计项，当统计化石燃料的种类和消耗量较为困难时，可统计该项用于替代核算；
3 运行稳定后的一个自然年，若当地的能源结构有重大变化或厂区工艺有重大升级等，应重新统计用于核算；
4 规划建设活动数据获取困难时，可使用设计规模或建设总投资，结合4.6节图表进行粗略估算。

雨水系统碳排放核算所需统计和监测数据清单　　　　　　　　　　表8-4

阶段	活动数据	关联核算公式	数据要求及建议	获取来源、参考规范或方法
规划建设[4]	化石燃料消耗种类和消耗量	(4-1)	整个施工周期[1]	施工方台账获取
	机械台班种类和使用数量[2]	(4-2)	整个施工周期	施工方台账获取
	电能消耗量	(4-3)	整个施工工期	施工方台账获取
	建筑材料类型和消耗量	(4-4)	整个施工工期	施工方台账获取
	不同建筑材料每一批次的运输量、运输方式和运输距离	(4-5)	整个施工工期	施工方台账获取
运行维护	化石燃料消耗种类和消耗量	(5-1) (5-46~5-48)	整个施工周期	施工方台账获取
	电能消耗量	(5-2~5-3) (5-49~5-51)	连续监测一个自然年[3]	运行台账可通过查读电表获得，取年末（当年12月31日）与年初（当年1月1日）电力总表读数差值；也可根据与电力供应部门的结算凭证获取
	绿色设施固碳量	(5-52)	整个运行维护	通过查询植被固碳系数获取
	雨 水 控 制 设 施			
	湿地类设施温室气体排放量	(5-53~5-55)	对进入湿地的雨水中的COD、总氮等数据连续监测一个自然年	施工方台账获取

阶段	活动数据	关联核算公式	数据要求及建议	获取来源、参考规范或方法
资产重置与拆除	化石燃料消耗种类和消耗量	(6-1)	整个施工周期	施工方台账获取
	机械台班种类和使用数量	(6-2)	整个施工周期	施工方台账获取
	电能消耗量	(6-3)	整个施工工期	施工方台账获取
	建筑垃圾产生量、运输方式和运输距离	(6-4)	整个施工工期	施工方台账获取
	回收材料量	(6-5)	整个施工工期	施工方台账获取

1 施工周期指规划建设项目从正式工程开工到全部投产使用为止的持续时间；
2 非必须统计项，当统计化石燃料的种类和消耗量较为困难时，可统计该项用于替代核算；
3 运行稳定后的一个自然年，若当地的能源结构有重大变化或厂区工艺有重大升级等，应重新统计用于核算；
4 规划建设活动数据获取困难时，可使用设计规模或建设总投资，结合 4.6 节图表进行粗略估算。

8.3 排放因子的获取

8.3.1 通用排放因子

城镇水务系统碳排放核算所需排放因子可大体分为两类：间接碳排放因子和直接碳排放因子。其中，间接碳排放因子主要用于包括电力消耗、材料消耗的碳排放活动核算，其值依赖于社会能源结构、工业水平等的优化和进步，不受城镇水务系统工艺形式、运行水平等的控制，主要由相关主管部门计算更新，适用于不同系统的间接碳排放核算，故又称为通用排放因子，本指南所取值及来源、更新方法总结于表 8-5。

通用排放因子取值及其来源 表 8-5

系统	活动或单元	来源	关联	获取建议
通用	化石燃料	《中国温室气体清单研究》《省级温室气体清单编制指南（试行）》《中国能源统计年鉴 2011》	附录 B.1	实地检测结果最为精确；推荐值参考国内权威研究与统计结果，适合国内地区采用
	电力	中华人民共和国生态环境部，2020 年	附录 B.2	
	建筑材料	《建筑碳排放计算标准》GB/T 51366—2019	附录 B.3	
	运输	《建筑碳排放计算标准》GB/T 51366—2019	附录 B.4	

系统	活动或单元	来源	关联	获取建议
通用	药剂	Winnipeg. Emission factors inkg CO₂-equiva-lent per unit[DB/OL]. 2012. AWAITEY A. Carbon Footprint of Finnish Wastewater Treatment Plants[D]. Finland: Aalto University, 2020. JOHNSTON A H, KARANFIL T. Calculating the greenhouse gas emissions of water utilities [J]. Journal-American water works association, 2013, 105(7): E363-E371. Incopa. Life Cycle Analysis of Leading Coagulants: Executive Summary[R]. Karlsruhe, 2014. IPCC. Emission factordatabase[DB/OL]. 2006. CLCD 中国生命周期基础数据库[DB/OL]. 2011.	附录 B.5	数据缺少更新,可能与当前现状匹配较差
	植被固碳因子	崔朋飞. 基于全生命周期碳排放测算的建筑业分阶段减策略研究[D]. 太原:太原理工大学, 2019.	附录 B.8	—
给水系统	给水处理厂建筑清单速查表	参考12座不同规模、处理工艺给水处理厂建筑清单及投资信息等归纳整理	附录 C.1	当获取规划建设清单数据较为困难时可按需参考。 速查表参考案例有限,不一定适用于实际情景
	输配水管网建筑清单速查表	参考18项输配水管网工程规划建设清单及投资信息归纳整理	附录 C.2	
污水系统	污水管渠建筑清单速查表	参考32项污水管渠工程规划建设清单及投资信息归纳整理	附录 C.3	
	污水处理厂建筑清单速查表	参考20座不同处理规模、排放标准、处理工艺的污水处理厂建筑清单及投资信息整理归纳	附录 C.4	
雨水系统	雨水设施建筑清单速查表		附录 C.5	
	施工信息		附录 C.6	

8.3.2 污水系统 CH₄和 N₂O 排放因子

在本指南中,污水系统所处理污水存在有机物和氮化合物,且在整个污水系统链条中存在多处生成 CH₄ 和 N₂O 的位点。对该部分 CH₄ 和 N₂O 排放量核算大多采用排放系数法，而所采用的排放因子与所采用的工艺类型、管理运行水平、所在区域气候等息息相关，波动和差异性较大。目前，世界范围内并没有关于污水系统 CH_4 和 N_2O 排放因子的统一取值，绝大部分相关核算工作采用《IPCC 2006 年国家温室气体清单指南》（2019 修订版）推荐值（第 5.4 节）。在为数不多的已颁布国家层面污水系统碳排放核算指南的国家中，新西兰在 IPCC 推荐值基础上进行了修正更新，而澳大利亚国家碳排放核算指南（NGER）则采取了不同于 IPCC 的排放因子。鉴于我国关于污水系统 CH_4 和 N_2O 排放因子监测工作和数据样本并不大，本指南仍参考 IPCC 推荐的排放因子，同时进行了修正更新，不同位点排放因子的来源、修正更新情况总结于表 8-6。另外，本节针对部分重要碳排放活动排放因子监测确定方法进行了总结梳理，在具有足够多的数据样本后，可更新为更加适合我国的排放因子，以更精确指导我国进行污水系统 CH_4 和 N_2O 排放核算。

污水系统 CH_4 和 N_2O 排放因子取值及其来源
表 8-6

系统	活动或单元		来源	关联	获取建议
污水管渠设施	化粪池	CH_4	国际水协会《化粪池系统温室气体排放评估》[1] 《IPCC 2006 年国家温室气体清单指南》（2019 修订版）		
	污水管渠	CH_4	《IPCC 2006 年国家温室气体清单指南》（2019 修订版）[2] 《Temperature and Organic Loading Dependency of Methane and Carbon Dioxide Emission Rates of a Full-Scale Anaerobic Waste Stabilization Pond》DOI：10.1016/0043-1354（94）00251-2	5.4.2 节	采用实地检测结果最为精确，本土监测工作样本不足
		N_2O	《IPCC 2006 年国家温室气体清单指南》（2019 年修订版） 《Municipal Sewer Networks as Sources of Nitrous Oxide, Methane and Hydrogen Sulphide Emissions: A Review and Case Studies》DOI：10.1016/j.jece.2015.07.006.		
	CSO 溢流污染	CH_4	《IPCC 2006 年国家温室气体清单指南》（2019 修订版）	表 5-4	进行实际监测确定排放因子时应对受纳水体的水质予以考虑
		N_2O		表 5-5	

系统	活动或单元		来源	关联	获取建议
污水处理厂	污水处理单元	CH₄	分别提供了国际和国内两类排放因子，来源于文献数据的整理，本指南基于《IPCC 2006 年国家温室气体清单指南》（2019 修订版）中的 14 条数据进行了修正，并延伸检索 18 条数据对排放因子进行了更新	附录 B. 6	国内对实际污水处理厂的 CH₄、N₂O 排放量的监测工作较少，且不同污水处理厂间排放量差异性较大，若要核算单个污水处理厂排放量，建议实测，再有足够多的样本时，可整理出更适合我国污水处理厂的排放因子，监测确定方法如文中所总结
		N₂O	分别提供了国际和国内两类排放因子，来源于文献数据的整理，本指南基于《IPCC 2006 年国家温室气体清单指南》（2019 修订版）中的 30 条数据进行了修正，并延伸检索 47 条数据对排放因子进行了更新	附录 B. 7	
	污泥处置		《IPCC 2006 年国家温室气体清单指南》（2019 修订版）	5.4.4 节	采用实地检测结果最为精确，本土监测工作样本不足

1 Evaluation of Greenhouse Gas Emissions from Septic Systems
2 2019 Refinement to the 2006 IPCC Guidelines for National Greenhouse Gas Inventories

关于污水处理厂 CH_4 排放量核算，本指南第 5.4.3 节对 IPCC 推荐公式进行了修正，提供了适配于目前可获得的排放因子的核算公式（式 5-25，基于进水 BOD_5 负荷的排放因子和核算公式）。再次说明，从核算原理看，IPCC 提供的核算公式更加科学，若有相应的排放因子，核算结果也会更加精确。因此，污水处理厂 CH_4 排放因子的监测确定应与 IPCC 提供的公式（式 B-1，附录 B. 6，基于去除 BOD_5 量的排放因子和核算公式）保持一致。对于 N_2O 排放量的核算，存在同样的问题，即分为基于进水 TN 负荷的排放因子和基于 TN 去除负荷的排放因子，各自对应的核算方法也各有利弊，这在 de Hass 等人的文章中已有详细描述。另外，研究表明，N_2O 排放因子水平与 TN 去除率存在相关性，因此，如何将其考虑到 N_2O 的排放因子中，即采用动态 N_2O 排放因子也是后续研究的重点。总之，为更好地保证结果的相通性和指导性，在实际监测时，应遵循以下几条原则：

（1）监测对象应为城镇实际污水处理厂，主要接收城镇生活污水或以生活污水为主。

（2）CH_4/N_2O 排放监测应覆盖污水处理厂区内所有可能产生 CH_4/N_2O 的设施单元，包括进水泵站、沉砂池、沉淀池、生物池、贮泥池、污泥浓缩池、污泥脱水间、泥饼堆放区（若及时运出厂外，则可不予考虑）等，但不包括厌氧消化池。

（3）检测时间跨度应至少持续一年，可根据气体监测装置和设备自动化程度灵活设定监测频率，建议一周进行两次监测，每次 24h 取样。

目前，监测污水处理厂 CH_4/N_2O 排放主要应用通量箱法，另外还包括示踪气体分散法，两种方法的原理和设备、使用方法可参考已发表的监测方法。另外，对于一些封闭式污水处理厂或装设有封闭顶盖的处理设施单元，也可通过监测尾气排放口风量和 CH_4/N_2O 浓度确定。各种方法每次监测需要记录的气体和水质数据见表8-7，CH_4 或 N_2O 排放因子计算见式（8-1）～式（8-8）。

污水处理厂 CH_4 和 N_2O 排放因子监测方法   表8-7

方法	分类	气体监测数据	水质数据	备注
通量箱法	非曝气设施	通量箱体积 V、覆盖面积 A、池体面积 A_t、箱中目标气体一定时间间隔浓度 C	进出水水量 Q、BOD_5 浓度 B_{in} 或 B_{eff}、TN 浓度、输出场外的污泥量 W 和 VSS 浓度	应用最普遍的方法，不同设施单元可根据溶解氧浓度或 ORP 确定监测位点数量
	曝气设施	气体通量 M、覆盖面积 A、监测结束后箱中目标气体浓度 C	进出水水量 Q、BOD_5 浓度 B_{in} 或 B_{eff}、TN 浓度、输出场外的污泥量 W 和 VSS 浓度	
示踪气体法	—	下风口连续平面的示踪气体和目标气体浓度 C_{tr}/C_{tg}、大气中示踪气体和目标气体的背景浓度 C_{tr-b}/C_{tg-b}、示踪气体释放速度 Q_{tr}	进出水水量 Q、BOD_5 浓度 B_{in} 或 B_{eff}、TN 浓度、输出场外的污泥量 W 和 VSS 浓度	常用乙炔作为示踪气体
封闭式水厂	—	尾气排放量 M、尾气中目标气体浓度 C	进出水水量 Q、BOD_5 浓度 B_{in} 或 B_{eff}、TN 浓度、输出场外的污泥量 W 和 VSS 浓度	—

$$E_g = \Sigma(V/A)\rho(dC/dt) \cdot A_t \tag{8-1}$$

$$E_g = \Sigma(M\rho C/A) \cdot A_t \tag{8-2}$$

$$E_g = Q_{tr} \cdot \frac{\int (C_{tg}-C_{tg-b})dx \cdot MW_{tg}}{\int (C_{tr}-C_{tr-b})dx \cdot MW_{tr}} \tag{8-3}$$

$$E_g = M \cdot C \tag{8-4}$$

$$E_{CH_4\text{-}1} = E_g/(Q \cdot B_{in}) \tag{8-5}$$

$$E_{CH_4\text{-}2} = E_g/(Q \cdot B_{in} - Q \cdot B_{eff} - W \cdot VSS \cdot K_{BOD}) \tag{8-6}$$

$$E_{N_2O\text{-}1} = E_g/(Q \cdot TN_{in}) \tag{8-7}$$

$$E_{N_2O\text{-}2} = E_g/(Q \cdot TN_{in} - Q \cdot TN_{eff} - W \cdot VSS \cdot K_N) \tag{8-8}$$

式中 E_g ——一定时间污水处理厂目标气体排放量；

$E_{CH_4\text{-}1}/E_{N_2O\text{-}1}$ ——基于进水 BOD_5 或 TN 负荷的排放因子（ * 适用于本指南）；

E_{CH_4-2} / E_{N_2O-2} ——基于 BOD_5 或 TN 去除负荷的排放因子；

ρ ——目标气体对应温度下的密度；

MW_{tg} / MW_{tr} ——目标气体和示踪气体相对分子质量；

K_{BOD} ——污泥的 BOD_5 当量；

K_N ——污泥的 N 当量。

第9章　结果分析与报告

9.1　结　果　分　析

　　碳核算目的是作为工具评价、指导城镇水务系统碳减排计划制订、策略实施和目标达成。城镇水务系统碳减排主要存在于两个阶段，即规划设计阶段和运行维护阶段。而对于已颇具规模和覆盖率的城镇水务系统，其碳减排重点在运行维护，涉及的运维和管理主体包括城镇水务系统运营企业、行业协会以及各级主管部门。为了更好地收集、整理、分析、提炼碳核算数据，方便不同主体用好碳核算结果信息，诊断发现相关运行水平与碳排放量（强度）内在规律，指导制定相关政策规范，本章简要厘清不同主体在碳核算结果分析和碳减排中的角色（图9-1），以推动碳减排政策制定和落地，助力达成"碳中和"愿景。根据自身定位及可获取的核算工作成果数量不同，不同主体应做好以下工作：

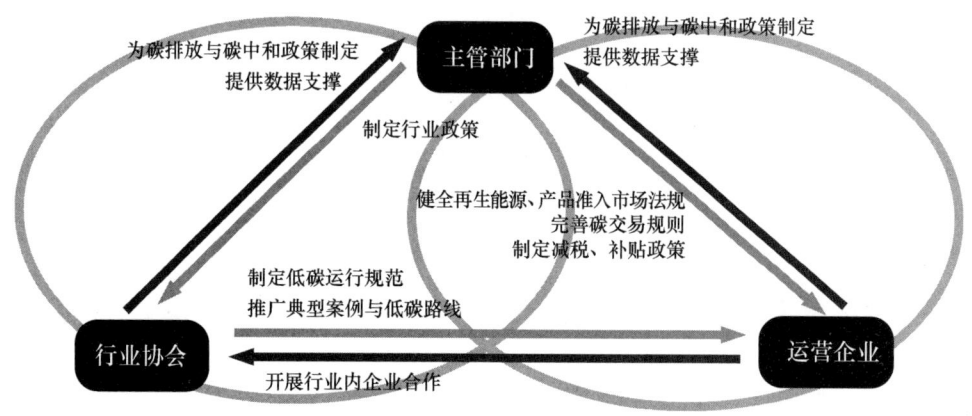

图9-1　城镇水务系统各主体在碳核算结果分析中关系示意图

　　（1）运营企业：针对单一核算对象结果，分析识别重点碳排放位点，有针对性地采取适当碳减排措施；纵向对比自身碳排放水平随时间变化，提供碳减排措施效果反馈，并反映基础设施损耗或运营水平提高率，指导下一阶段碳减排策略制订；对行业协会提交核算结果报告。

（2）行业协会：作为行业内部不同主体联系的桥梁，持有更多核算对象结果，协调不同系统间碳减排协作和规范制定，分析不同运营企业碳排放水平并实施标杆管理，识别现阶段可达到的碳减排程度，据此制订路线或典型案例推广，指导行业有效开展碳排放计划实施，为运营企业及主体开展碳减排工作指明方向。

（3）主管部门：作为省市级或国家级城镇水务系统主管部门，针对区域或全国碳核算结果，探明所属城镇水务系统总体碳排放水平及减排潜力，制定科学合理的碳减排政策，建立健全再生资源、能源准入市场法律法规，基于市场原则鼓励运营企业及主体进行资源能源回收；健全碳交易市场规则，为城镇水务系统运营单位开放大门，准许其参与碳额交易，提高企业运营者积极性；制定相关减税、补贴政策，引领运营单位的转型。

本节基于城镇水务系统碳排放核算工作结果，提出了几种可行的分析思路与方法供参考，旨在凝练与升华隐含于碳排放水平表象下的关键环节，协助不同层级运营、管理单位制订行之有效的碳减排策略，助力新型碳减排技术推广，推动减碳政策制定与落地。

9.1.1　分析内容

各级部门可进行的碳核算工作结果分析及方法见表 9-1。

各级单位核算结果分析内容 表 9-1

分析部门	分析内容	功能	数据	工具
运营主体持有企业	识别重点碳排放位点	探明碳排放关键位点及因素，有的放矢采用与实行碳减排技术	碳排放核算结果	排列图
	识别重点温室气体直接排放信息		直接碳排放量（强度）核算结果	排列图
	识别重点间接碳排放信息		间接碳排放量（强度）核算结果	排列图
	识别关键调控点		—	特性要因图
	探究减排技术运行参数		碳排放核算结果	相关图
	比较分析处理工艺、运行模式技术水平	研究稳定高效低碳运行工艺、模式	多组相同处理工艺、运行模式碳核算结果	直方图
行业协会	统计团体成员平均排放强度	探明成员碳排放水平，为更大规模碳排放核算及统计工作提供数据基础	团体成员碳排放核算结果	—

分析部门	分析内容	功能	数据	工具
主管部门	辖区城镇水务系统碳排放信息	探明辖区内碳排放水平，剖析政策规划要点	辖区内全部或有代表性的运营企业、行业协会核算结果或相近城市的核算结果	—
	城镇水务系统碳减排政策规划		—	特性要因图

9.1.2 分析工具

1. 排列图

排列图旨在找出最重要的碳排放位点，以期最有效地解决问题。按照各位点所产生的碳排放量（强度）大小，将各位点划分为主要因素、次要因素与一般因素，如图9-2所示。主要因素是应重点实施碳减排措施的主要目标。降低主要因素碳排放量（强度）比完全消除其他次要、一般因素更容易、也更有效。通过排列图分析结果，协助相关单位更加有的放矢地制订减排策略，实施减排措施。使用排列图的步骤为：

（1）整理所需的碳排放核算结果数据。

（2）按照排放量（强度）数据由大至小依次排列，并计算累计排放比。

（3）以排放位点为横轴，以碳排放量（强度）为左侧纵轴，以累计排放比例为右侧纵轴，绘制排列图。

（4）按照累计比率，将0～80%区间的排放位点划分为主要因素；将80%～90%区间的排放位点划分为次要因素；将90%～100%区间的排放位点划分为一般因素。

2. 特性要因图

特性要因图又称鱼骨图，是针对某一问题，分析并找出关键原因的一种方法。可利用特性要因图，通过因果关系推理与剖析，找出影响目标排放位点中主要影响因素，从而准确采取相应减排技术与措施，如图9-3所示。使用特性要因图的步骤为：

（1）以需实施减排措施的重点排放单元作为剖析主要原因，绘制横线为"主骨"。

（2）剖析并列出可能影响主要原因的第二层次因素，在"主骨"上绘制对应的"中骨"。

（3）剖析并列出可能影响第二层次因素的第三层次因素，在"中骨"上绘制对应的"小骨"。若有更深层次因素则以此类推，直至分析至可对应采取减排措施的程度

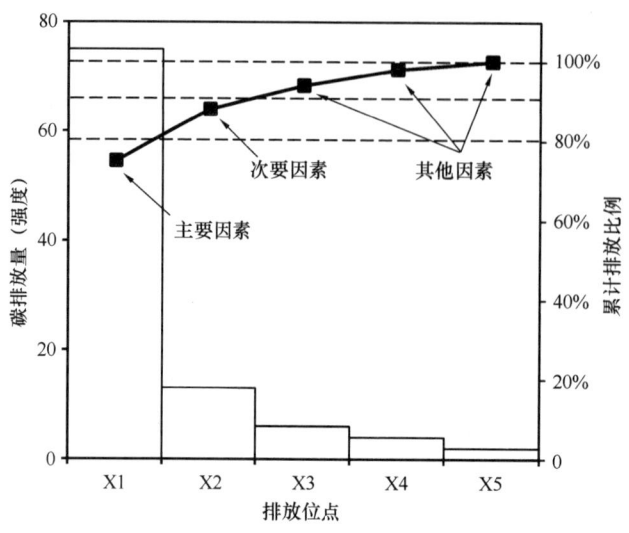

图 9-2　碳排放量（强度）排列图

为止。

（4）根据各层次影响因素重要程度，将认为对碳排放量（强度）影响显著的因素标记出来。

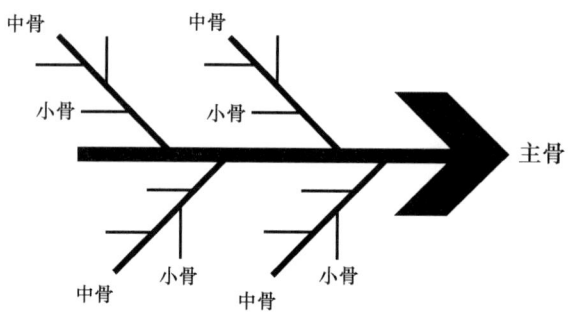

图 9-3　碳排放主次鱼骨图

3. 直方图

对于采用相同的处理工艺、运行模式单元，其碳排放水平不可能完全相同，而总在一定范围内波动。可通过直方图表现出其统计规律性，呈现设计及运行水平分布情况，甚至估算更大群体碳排放水平，如图 9-4 所示。使用直方图的步骤为：

（1）收集并整理 n 个采用相同处理工艺、运行模式单元的碳排放量（强度）数据；

（2）找出数据中排放量（强度）最大值（Max）与最小值（Min）；

（3）计算组数：$k = \sqrt{n}$，组距：$h = (max - min)/k$（结果取整数）；

（4）以碳排放量（强度）$min \sim min + k$ 为第一组，$min + k \sim min + 2k$ 为第二组，以此类推，直至 $max - k \sim max$ 为最后一组。将所有数据划分入各组；

（5）计算各组中数据个数；

（6）以各碳排放量（强度）数据组为横轴，以各组中数据个数为纵轴，绘制直方图。

（7）分析直方图形状：当图形出现左偏峰形时，说明该工艺整体运行水平较高，碳排放量较低。当图形出现右偏峰形时，则相反；

（8）对多种处理工艺、运行模式分别进行直方图分析，比较不同工艺间碳排放水平及技术成熟度的高低，从而建议推广更为低碳的运行工艺。

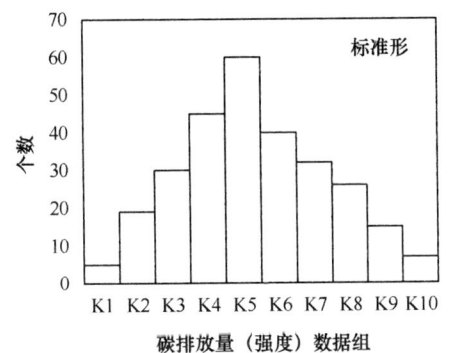
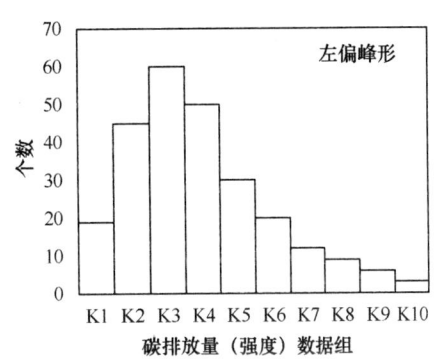
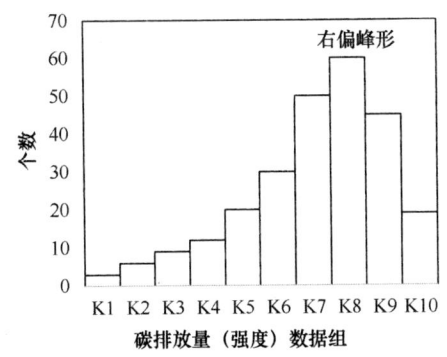

图 9-4　碳排放量（强度）直方图

4. 相关图

在城镇水务系统运行过程中，一些影响因素与碳排放量（强度）间可能存在着一定尚未知晓的相关关系。可通过相关图分析过程，显示出这种相关关系，从而据此预测并找出最适宜的低碳运行参数，如图 9-5 所示。使用相关图的步骤为：

（1）确定与碳排放量（强度）相关的影响因素；

（2）收集整理碳排放量（强度）及影响因素数据；

（3）以影响因素数据为横轴，以碳排放量（强度）为纵轴，绘出各数据点；

（4）分析相关图，找出其中的相关关系。

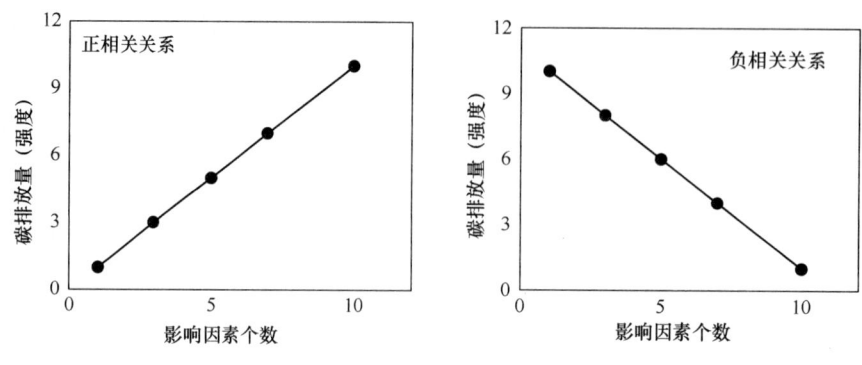

图 9-5　碳排放量（强度）相关图

9.2　报告内容与格式

报告格式应参考附录 F，报告内容应包括报告主体信息、数据及来源、排放因子数据及来源、碳排放量。

9.2.1　报告主体信息

报告主体应为负责运营核算对象的相关企业或单位。报告中应包括主体名称、单位性质、报告年度、所属行业、统一社会信用代码、法定代表人、核算负责人和联系人信息等。

应详细说明工艺流程、核算单元划分和排放源等情况。必要时采取表或图表示。

9.2.2　数据及来源

报告主体应根据排放位点的识别情况，分别报告核算过程中所需的各项数据。对于间接排放活动数据应尽量区分各项活动、功能等产生的碳排放量，以增强核算结果的可比较性。应说明数据来源或凭据、获取或监测方法、记录频率等。

9.2.3 排放因子数据及来源

报告主体应报告各项数据所对应的排放因子或其他必要计算参数，并说明其数据来源、参考出处、相关假设及理由等。

9.2.4 碳排放量

报告主体应阐述核算边界、排放单元等关键信息。在此基础上分别报告各排放单元碳排放量、各活动/功能消耗电力或热力碳排放量、各活动/功能消耗材料碳排放量、输出碳补偿量等排放信息，最终综合报告核算期内碳排放总量。

附　　录

附录A　术语与符号

1. 温室气体/Greenhouse gas

大气中可吸收和重新放出红外辐射的自然或人为产生的气体。按 IPCC 的界定方法，主要的温室气体共有 7 种：二氧化碳（CO_2）、甲烷（CH_4）、一氧化二氮（N_2O）、氢氟碳化物（HFCs）、全氟碳化物（PFCs）、六氟化硫（SF_6）和三氟化氮（NF_3）。本指南主要考虑 CO_2、CH_4 与 N_2O 气体。

2. 城镇水务系统碳排放/Carbon emission from urban water system

与城镇水务系统（包括给水系统、污水系统、再生水系统和雨水系统）规划建设、运行维护与资产重置与拆除过程相关的各类活动导致的温室气体排放总和，以 CO_2 当量表示。

3. 核算边界/Accounting boundary

为避免重复计算或漏算，以核算系统为主体，识别确定的所有与其相关的碳排放活动集合。

4. 碳排放活动/Activity of carbon emission

与核算系统相关的直接或间接导致温室气体排放的所有单元和过程，如电能的消耗、化学药剂的消耗、污水生物处理。

5. 碳排放强度/Intensity of carbon emission

核算主体生产 1 单位产品所产生的碳排放总量。

6. 直接碳排放/Direct carbon emission

运营企业产生并直接向大气环境排放温室气体因而导致的碳排放。

7. 间接碳排放/Indirect carbon emission

并非运营企业直接产生，但其消耗了自外部购入的能源或产品，而这些产品在生产时产生的碳排放量。

8. 全球变暖潜能值/Global warming potential（GWP）

衡量大气中某种温室气体吸收热量的相对程度，为一定质量的温室气体所吸收的热量与同等质量 CO_2 所吸收的热量的比值。

9. CO_2 当量/Carbon dioxide equivalent

通用的度量各种温室气体温室效应的单位，可写作 CO_2-eq。一种温室气体的 CO_2 当量等于该气体的质量乘以其全球变暖潜能值。本指南中除 CO_2 外，气体温室气体计算结果均以 CO_2-eq 计。

10. 活动数据/Activity data

导致温室气体排放的生产或消费活动量的表征值，如化石燃料消耗量、购入电量等。

11. 排放因子/Emission factor

表征单位生产或消费活动量的温室气体排放系数，如单位化石燃料燃烧所产生的 CO_2 排放量、消耗单位电量所对应的 CO_2 排放量等。

12. 减碳/Carbon reduction

企业通过技术调整、生产过程优化等方式，在不调整能源结构下完成温室气体排放强度的降低，从而减少总碳排放量的活动。

13. 替碳/Renewable alternatives to carbon

企业生产过程中通过使用清洁能源替代化石能源的方式减少总碳排放量的活动。

14. 碳汇/Carbon sink

企业生产过程中产出了资源或能源，并可向外部输送，即产生了相应的碳汇量。

15. 排放位点/Emission point

水务系统设施及构筑物中产生温室气体排放的位置、环节。

16. 资产重置与拆除/Asset reset

当达到水务系统设施或构筑物生命周期末尾时，通过回收、更新等手段，使设施或构筑物重新投入使用。

17. 灰色设施/Gray infrastructure

人工建设的传统式市政基础设施，如水坝、管道、沟渠等。基本功能为实现城市中的水流与污染物的排放、转移和治理。

18. 绿色设施/Green infrastructure

利用自然物种与环境构建的市政基础设施，基本功能为调节城市中水质、水量，增强城市抗极端事件的缓冲能力。

单位符号   附表 A-1

a——年	L——升
℃——摄氏度	m——米
d——天	mg——毫克
g——克	mm——毫米
GJ——吉焦	mol——摩尔
hm^2——公顷	MWh——兆瓦时（百万度）
J——焦耳	m^2——平方米
kg——千克	m^3——立方米
km——千米	s——秒
kWh——千瓦时（度）	t——吨

附录 B 排 放 因 子

附录 B.1 化石燃料排放因子

化石燃料排放因子、碳氧化率

附表 B-1

燃料	化石燃料的排放因子 EF_i		碳氧化率 a_i
	kg CO_2/GJ	kg CO_2/kg（固、液态燃料）或 kg CO_2/m³（气态燃料）	
无烟煤	98.08	1.97	97.3%
一般烟煤	93.11	1.86	97.0%
褐煤	98.56	2.06	96%
洗精煤	89.41	2.45	96%
其他洗煤	89.41	0.78	96%
煤制品	110.88	1.17	90%
焦炭	100.25	2.85	93%
焦炉煤气	49.37	0.00089	99%
其他煤气	44.29	0.00017	99%
原油	72.23	3.02	98%
燃料油	75.82	3.17	98%
汽油	67.91	2.92	98%
柴油	72.59	3.10	98%
喷气煤油	70.07	3.03	98%
一般煤油	70.43	3.03	98%
液化石油气	61.81	3.10	98%
炼厂干气	65.40	3.04	98%
石脑油	71.87	3.26	98%
石油焦	98.82	4.14	98%
其他油品	71.87	3.26	98%
天然气	55.54	0.0022	99%

注：1. 无烟煤、一般烟煤的数据来源于《中国温室气体清单研究》《省级温室气体清单编制指南（试行）》；

    2. 洗精煤、其他洗煤和其他煤气的数据来源于《中国能源统计年鉴 2011》，石油焦和其他油品的数据来源于《万家企业能源利用状况》。

附录 B.2　中国地区电力排放因子

中国地区电力排放因子　　　　　　　　　　　　　　　　附表 B-2

区域	排放因子（kg CO_2-eq/kWh）
华北区域电网	0.9419
东北区域电网	1.0826
华东区域电网	0.7921
华中区域电网	0.8587
西北区域电网	0.8922
南方区域电网	0.8042

附录 B.3　常见建筑材料排放因子

常见建筑材料排放因子　　　　　　　　　　　　　　　　附表 B-3

材料	碳排放因子
卵石	11.29kg CO_2/m^3
种植土	0.024kg CO_2/t
黏质土	2.69kg CO_2/t
砂质土	2.51kg CO_2/t
砾石	6.05kg CO_2/t
草本	0.024kg CO_2/t
页岩石	5.08kg CO_2/t
碎石	2.18kg CO_2/t
块石	2.18kg CO_2/t
山石	2.18kg CO_2/t
级配碎石	52.8kg CO_2/m^3
中砂	2.51kg CO_2/t
石笼	11.36kg CO_2/t
页岩实心砖	292kg CO_2/m^2
无砂混凝土透水砖	336kg CO_2/m^3
砂	2.51kg CO_2/kg
烧结普通砖	134kg CO_2/m^3
植草砖	336kg CO_2/m^3
透水砖	2.21kg CO_2/m^3

材料	碳排放因子
木桩	144.5kg CO_2/m^3
1：2 水泥砂浆	531.52kg/m^3
1：2.5 水泥砂浆	158.75kg CO_2/t
1：3 水泥砂浆	393.65kg CO_2/m^3
1：6 水泥砂浆	140.16kg CO_2/m^3
水泥	735kg CO_2/t
C15 混凝土	186.43kg CO_2/m^3
C20 混凝土	239.19kg CO_2/m^3
C25 混凝土	289.44kg CO_2/m^3
C30 混凝土	295kg CO_2/m^3
细石混凝土	355kg CO_2/m^3
钢筋	2340kg CO_2/t
无缝钢管	3150kg CO_2/t
玻璃钢	2170kg CO_2/t
砌筑砂浆 DM5.0-HR	228.03kg CO_2/m^3
砌筑砂浆 DM10-HR	315.39kg CO_2/m^3
UPVC 穿孔收集管	7.93kg/kg
植物纤维毯	144.5kg CO_2/kg
膨润土防水毯	1.46kg CO_2/kg
高密度聚乙烯土工膜	10.28kg CO_2/kg
复合性防水卷材	4.46kg CO_2/kg
SBS 卷材	2.37kg CO_2/m^2
透水土工布	10280kg CO_2/t
HDPE 复合膜	2620kg CO_2/t
SBS 改性沥青防水卷材	2.37kg CO_2/m^2
聚酯无纺布	10.28kg CO_2/kg
PVC 排（蓄）水板	1765kg CO_2/t
聚乙烯土工膜	2620kg CO_2/t
PP 聚丙烯	1939kg CO_2/t

附录 B.4　各类运输方式排放因子

各类运输方式排放因子　　　　　　　　　　　　　　　附表 B-4

运输方式	排放因子 [kg CO_2-eq/ (t·km)]
轻型汽油货车运输（载重 2t）	0.334
中型汽油货车运输（载重 8t）	0.115

运输方式	排放因子 [kg CO$_2$-eq/ (t · km)]
重型汽油货车运输（载 10t）	0.104
重型汽油货车运输（载重 18t）	0.104
轻型柴油货车运输（载重 2t）	0.286
中型柴油货车运输（载重 8t）	0.179
重型柴油货车运输（载重 10t）	0.162
重型柴油货车运输（载重 18t）	0.129
重型柴油货车运输（载重 30t）	0.078
重型柴油货车运输（载重 46t）	0.057
电力机车运输	0.010
内燃机车运输	0.011
铁路运输（中国市场平均）	0.010
液货船运输（载重 2000t）	0.019
干散货船运输（载重 2500t）	0.015
集装箱船运输（载重 200TEU）	0.012

附录 B.5 化学药剂排放因子

化学药剂排放因子   附表 B-5

药剂	排放因子 （kg CO$_2$-eq/kg）	药剂	排放因子 （kg CO$_2$-eq/kg）
臭氧	8.01	甲醇	0.66
	14.7		0.462
	11.36±3.35[1]		0.375
乙酸	0.852		0.985
乙酸钠	0.623		0.61±0.27
硫酸	0.14	磷酸氢二铵	0.018
	0.182	硫酸亚铁	0.029
	0.16±0.02		0.038
盐酸	1.20		0.03±0.00

药剂	排放因子 （kg CO₂-eq/kg）	药剂	排放因子 （kg CO₂-eq/kg）
聚合氯化铝	0.6	氯化铁	0.18
	0.455		0.395
	0.537		0.077
	<u>0.53±0.06</u>		0.395
次氯酸钠	0.92	液氯	<u>0.26±0.14</u>
	1.065		1.08
	<u>0.99±0.07</u>		0.78
氧气	0.41	生石灰	<u>0.93±0.15</u>
	0.226		0.3
	<u>0.32±0.09</u>		1.26
碳酸钠	0.59		1.74
	1.84		<u>1.10±0.60</u>
	0.415	聚丙烯酰胺	1.48
	<u>0.95±0.63</u>	硫酸铝	0.16

1 表中下划线数据为同种药剂多条数据计算平均值±标准差。

附录 B.6　污水处理 CH₄ 排放因子

在以处理生活污水为主的城镇污水处理厂中，由于生化反应导致的直接碳排放（CH₄ 和 N₂O）不容小觑，贡献了相当一部分温室气体。目前，对污水处理两种温室气体排放量的核算方法主要有排放因子法和模型核算法两种，但由于污水处理 CH₄ 和 N₂O 的生成位点及其影响因素多且复杂，不确定性较大、核算精度不高。在《IPCC 2006 年国家温室气体清单指南》中提供了基于排放因子的 CH₄ 和 N₂O 核算公式，并在 2019 修订版中进行了优化，见式（B-1）～式（B-3）。

$$CH_4\,Emission_j = (TOW_j - S_j)\,EF_j - R_j \tag{B-1}$$

$$S_j = 1000\,S_{mass} \cdot K_{rem} \tag{B-2}$$

$$EF_j = B_0 \cdot MCF_j \tag{B-3}$$

式中　$CH_4\,Emission_j$ ——污水处理 CH₄ 排放量，kg CH₄/a；

　　　TOW_j ——污水处理厂进水有机物浓度，kg BOD₅/a；

　　　S_j ——剩余污泥有机物当量，kg BOD₅/a，以式（B-2）计算；

EF_j ——CH_4 排放因子，kg CH_4/kg BOD_5，以式（B-3）计算，B_0 取值为 0.6kg CH_4/kg BOD_5，MCF_j 见附表 B-6；

S_{mass} ——剩余污泥干重，kg/a；

K_{rem} ——污泥 BOD_5 当量系数，kg BOD_5/kg 干污泥，取值参考附表 B-7；

R_j ——CH_4 回收量，kg CH_4/a，默认取值为 0。

常规污水处理工艺排放因子（来自 IPCC 指南）　　　　　　　附表 B-6

处理工艺	MCF
好氧活性污泥处理工艺	0.03
厌氧式反应器（如，UASB 等）	0.8
厌氧塘	0.2
氧化塘	0.2
曝气好氧塘	0.03

常见污水处理工艺污泥系数 K_{rem}（IPCC 推荐值）　　　　　　附表 B-7

处理类型	污泥系数（kg BOD_5/kg 干污泥）	
	默认值	范围
初沉池污泥	0.5	0.4～0.6
二沉池污泥	1.16	1.0～1.5
初沉池、二沉池混合污泥（好氧处理工艺）	0.8	0.65～0.95
初沉池、二沉池混合污泥（厌氧处理工艺）	1.0	0.8～1.2

IPCC 所提供的式（B-3）中的修正因子是根据检索到的 7 篇公开发表的文献中 14 座污水处理厂的数据整理计算得到的，原始数据总结于附表 B-8。表中文献选取的原则基于实际污水处理厂且进行了大部分污水处理单元的监测（并不只监测生物池）。由此，IPCC 计算得到的污水处理厂 MCF 均值为 0.03，由式（B-3）可计算得到 CH_4 的排放因子为 0.018kg CH_4/kg BOD_5，其中该排放因子单位分母应为进水 BOD_5 减去以污泥形式排走的 BOD_5，代入式（B-1）才是正确的。但是，基于文献原始数据计算可知，IPCC 计算得到的排放因子并没有将以污泥形式排走的 BOD_5 减掉，只有极少的数据考虑了这部分 BOD_5，导致 IPCC 得到的排放因子与式（B-1）并不相配，该情况已在和 IPCC 核算指南编制人员的邮件中得到确认。因此，本指南对 IPCC 核算指南提供的公式进行了优化使之与排放因子相匹配，同时基于检索到的最新文献对排放因子进行了更新（附表 B-8）。更新后的城镇污水处理厂 CH_4 排放因子为 0.0121kg CH_4/kg $BOD_{5\text{-influent}}$；另外，如果只基于我国城镇污水处理厂的数据计算得到的 CH_4

排放因子为 0.0036kg CH_4/kg $BOD_{5\text{-influent}}$，与式（5-25）相匹配。为区分不同活性污泥生物处理工艺 CH_4 排放量的差异，基于有限数据计算了 AAO、AO、SBR、氧化沟（OD）和非营养盐去除的简单曝气活性污泥工艺（Aeration tank）的排放因子（附图 B-1），可根据核算场景和规模灵活选择。

　　需要说明的是，从原理上来看，《IPCC 2006 年国家温室气体清单指南》（2019 修订版）所提供的公式更符合城镇污水处理厂 CH_4 生成原理，即 CH_4 的产生只能来自于进水 BOD_5 矿化的部分，而不考虑以污泥形式排走的剩余污泥。但是，由于目前缺乏数据计算得到与之匹配的 CH_4 排放因子，目前用该公式计算并不合理。因此，我们应规范化污水处理厂 CH_4 排放的监测和计算方法，期望提供更多与 IPCC 匹配的 CH_4 排放因子数据。因此，本指南 5.4.3 节关于污水处理厂 CH_4 排放量的核算公式需依据排放因子的监测和是否可得动态更新。对于使用者，如果想通过实际监测得到更加适合自身的 CH_4 排放因子，首先应推荐按照 IPCC 所提供的公式进行排放因子监测方案的制订（方法参考本指南 8.3 节）。另外，如果只考虑基于我国污水处理厂的数据，CH_4 排放因子约为综合计算值的 1/6，这再次说明将排放因子本地化的重要性，因此，应有序大规模开展我国污水处理厂排放因子的监测和核算。

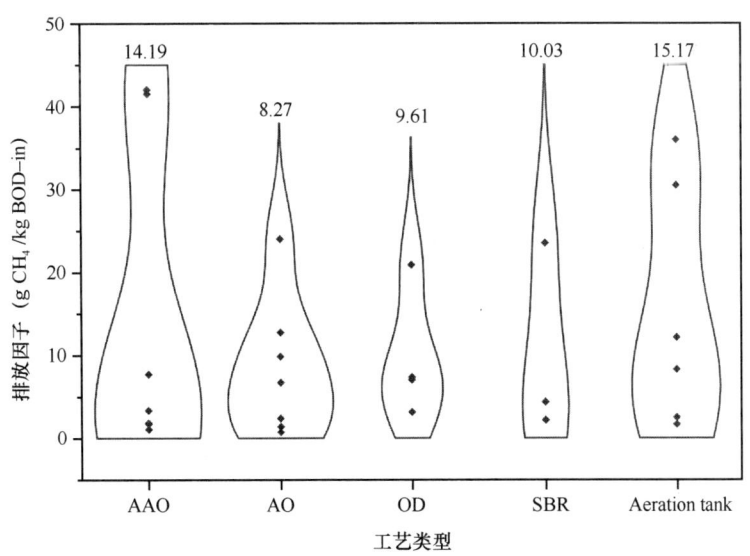

附图 B-1　不同活性污泥生物处理工艺 CH_4 排放因子（图中数字为平均值）

污水处理厂 CH₄ 排放因子[1]

生物单元类型	来源	MCF	EF_j（kg CH₄/kg BOD₅-influent）	EF_j（kg CH₄/kg COD-influent）
《IPCC 2006 年国家温室气体清单指南》（2019 修订版）参考数据				
活性污泥（Stickney）	Bellucci *et al.*（2010）	0.017	0.0121	—
活性污泥（Northside）	Bellucci *et al.*（2010）	0.004	0.00251	—
活性污泥（Egan）	Bellucci *et al.*（2010）	0.014	0.00826	—
活性污泥	Czepiel *et al.*（1993）	0.013	0.00165	—
生物营养物去除（Kralingseveer）	Daelman *et al.*（2013）	0.03	*0.024*	0.01
生物营养物去除（Kortenoord）	Daelman *et al.*（2013）	0.02	*0.01272*	0.0053
生物营养物去除（Papendrecht）	Daelman *et al.*（2013）	0.04	*0.02088*	0.0087
序批式反应器（Holbæk）	Delre *et al.*（2017）	0.038	*0.02352*	0.0098
活性污泥（Källby）	Delre *et al.*（2017）	0.048	*0.03048*	0.0127
生物营养物去除（Lundtofte）	Delre *et al.*（2017）	0.014	*0.0096*	0.004
生物营养物去除（Lynetten）	Delre *et al.*（2017）	0.015	*0.00672*	0.0028
活性污泥	Kozak *et al.*（2009）	0.09	0.0124	—
五段巴顿甫	Kyung *et al.*（2015）	0.07	0.042	
厌氧/缺氧/好氧（A²O）工艺	<u>Wang *et al.*（2011）</u>	0.003	*<u>0.00186</u>*	<u>0.00078</u>
本指南延伸更新参考数据				
MBBR 工艺	Delre *et al.*（2017）		*0.04152*	0.0173
推流	Ribera-Guardia *et al.*（2019）		*0.000984*	0.0041
A²O	Hwang *et al.*（2016）		0.0077	
曝气活性污泥	Noyola *et al.*（2018）		0.036	
厌氧/曝气池	Noyola *et al.*（2018）		0.048	
氧化沟	Masuda *et al.*（2018）		0.0032	
AO	Masuda *et al.*（2018）		0.0024	
AO	Masuda *et al.*（2018）		0.00075	
氧化沟	<u>Ren *et al.*（2012）</u>		<u>0.00704</u>	—
A²O	<u>Ren *et al.*（2012）</u>		<u>0.0177</u>	—
倒置 A²O	<u>Ren *et al.*（2012）</u>		<u>0.0014</u>	—
氧化沟	<u>Yan *et al.*（2014）</u>		*<u>0.0007344</u>*	<u>0.00306</u>
A²O	<u>Yan *et al.*（2014）</u>		*<u>0.000336</u>*	<u>0.0014</u>
倒置 A²O	<u>Yan *et al.*（2014）</u>		*<u>0.001848</u>*	<u>0.00077</u>
A²O	<u>Liu *et al.*（2014）</u>		*<u>0.0011</u>*	<u>0.00045</u>
SBR	<u>Liu *et al.*（2014）</u>		*<u>0.0022</u>*	<u>0.000914</u>
AO	<u>Bao *et al.*（2016）</u>		*<u>0.001416</u>*	<u>0.00059</u>
SBR	<u>Bao *et al.*（2016）</u>		*<u>0.004368</u>*	<u>0.00182</u>
均值（国际）[2]			0.0121±0.0140	—
均值（国内）[3]			0.0036±0.0050	—

[1] 表中无标记正体数据代表文献中原始数据，斜体数据则是由原始数据转化而来（其中 BOD₅：COD＝1：2.4）；下划线部分为基于我国城镇污水处理厂数据；

[2] 此值基于表中所有数据计算得到；

[3] 此值基于我国城镇污水处理厂数据计算得到，表中下划线数据。

附录 B.7　污水处理 N_2O 排放因子

N_2O 作为比 CH_4 温室效应还要高的一类温室气体，是污水系统需重点考虑的又一直接碳排放构成。目前，N_2O 的通用核算同样采用排放因子法（式 5-28），其中最为关键的工作在于确定排放因子，其准确性和代表性决定了核算的精确性。鉴于污水处理中 N_2O 的产生机理复杂且影响因素多，不同环境条件、运行条件、工艺类型、进水组成等都会影响 N_2O 的产生和释放，已有关于实际污水处理厂 N_2O 排放量的文献报道结果变化很大，具有很强的污水处理厂特异性。目前，对于应用活性污泥工艺的城镇集中污水处理厂，N_2O 排放因子普遍采用的是《IPCC 2006 年国家温室气体清单指南》（2019 修订版）推荐值。该值由 IPCC 工作组检索到的 13 篇文章 30 条数据整理得到（表 B-9），其中所参考文献要求须是实际城镇污水处理厂，且主要以接收生活污水为主（典型通用活性污泥技术，并不包括一些新型的或非通用的污水处理工艺）。由附图 B-2（a）可知，N_2O 的排放量与进水氮负荷成正相关，斜率即为排放因子——1.61%（0.016kg N_2O-N/kg $N_{influent}$）。

《IPCC 2006 年国家温室气体清单指南》（2019 修订版）推荐值基于 2018 年及以前的文献数据整理得到，并未包含发布至今的文献数据，为此，本指南基于 IPCC 参考文献选取原则进行了补充检索和数据更新。首先，对 IPCC 所参考文献数据重新进行了整理和审查，并对在梳理中发现的部分数据计算错误进行了修正，如附表 B-9 所总结，对其进行线性拟合后得到修正后的排放因子为 0.9%（0.009kg N_2O-N/kg $N_{influent}$）（附图 B-2b），明显小于 IPCC 指南所计算值（1.61%）。继而，在修正 IPCC 所参考文献数据的基础上，本指南对 2018 年以来的关于实际污水处理厂 N_2O 排放因子的文献进行了梳理，共甄别出 16 篇 47 条符合条件的数据（附表 B-9），基于全部数据进行线性拟合（附图 B-3a）后得到 N_2O 排放因子为 0.93%（0.0093kg N_2O-N/kg $N_{influent}$），与修正后的 IPCC 参考数据基本一致。在 IPCC 的指南中，并未区分不同生物工艺类型的差异性，采用了统一的排放因子，这在国家层面上是可行的。但是，对于工艺比选，采用同一排放因子并不能区分不同工艺类型的优劣。实际上，由表中数据可知，不同生物工艺类型的 N_2O 排放量差异较大。因此，本指南同时针对不同工艺类型提供了特异性 N_2O 排放因子（附图 B-4），包括 AAO 工艺、AO 工艺、氧化沟（OD）工艺、SBR 工艺和非营养盐去除的简单曝气活性污泥工艺（Aeration tank）。

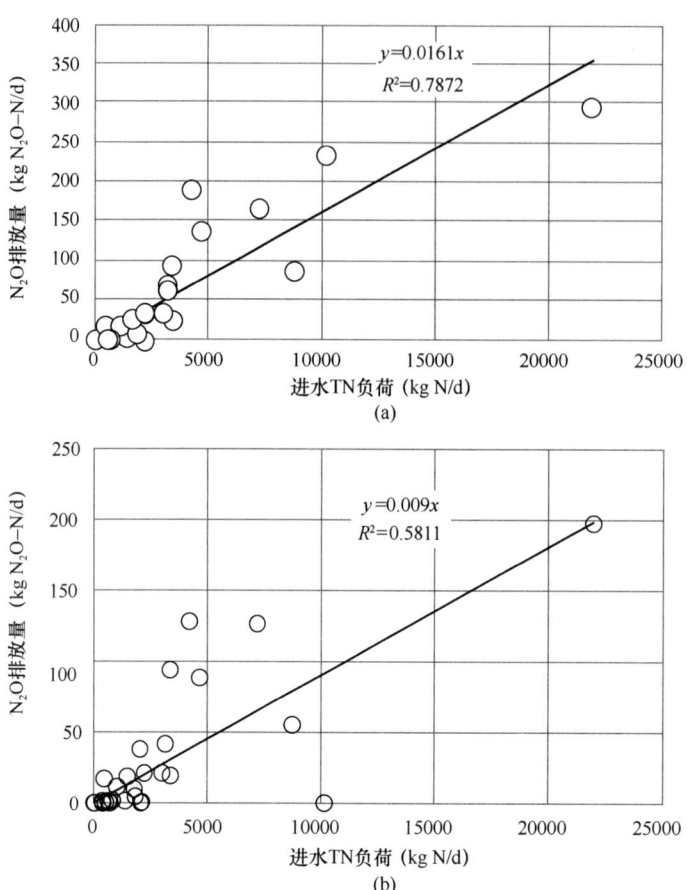

附图 B-2　污水处理厂进水氮负荷和 N_2O 排放量的相关性

(a)《IPCC 2006 年国家温室气体清单指南》(2019 修订版) 结果;

(b) 本指南对 IPCC 数据修订后结果

　　另外，本指南单独对基于我国实际污水处理厂的排放因子数据进行了分析，如附图 B-3b 所示，共计 6 篇文献 14 条数据，得到排放因子为 1.06% (0.0106kg N_2O-N/kg N-influent)。但是，进水 N 负荷和 N_2O 排放量的拟合优度较低，仅为 0.1432。分析所监测水厂可知，6 篇文献的监测样本集中在北京 (9 条数据)、上海 (1 条数据) 和济南 (4 条数据) 3 个城市，覆盖区域和监测样本并不大，导致排放因子波动较大。综合分析，本指南推荐两个不同范畴的 N_2O 排放因子供用户灵活选用，即基于国际数据得到的 0.93% (0.093kg N_2O-N/kg N-influent) 和基于我国数据得到的 1.06% (0.0106kg N_2O-N/kg N-influent)。

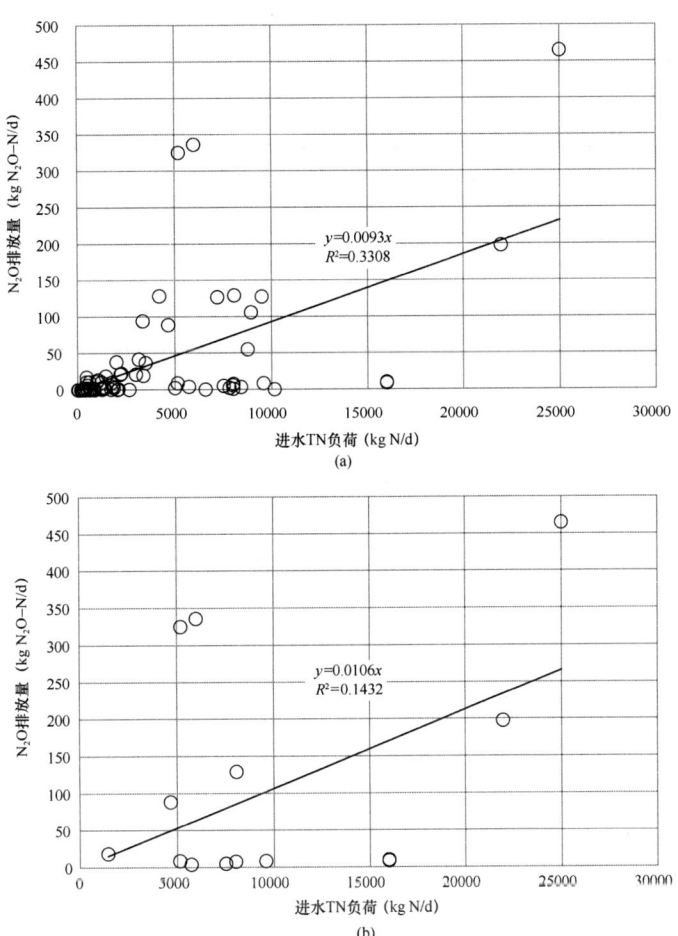

附图 B-3　污水处理厂进水氮负荷和 N_2O 排放量的相关性

（a）IPCC 数据修订延伸后结果；（b）基于中国污水处理厂监测数据结果

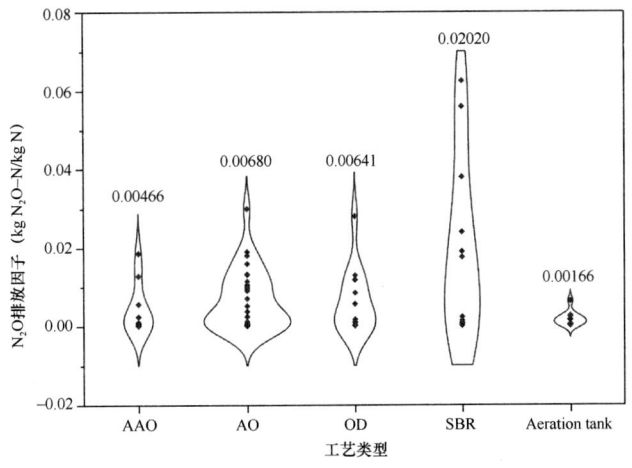

附图 B-4　不同活性污泥生物处理工艺 N_2O 排放因子（图中数字为平均值）

污水处理厂 N₂O 排放因子   附表 B-9

处理工艺	类型	来源	IPCC 计算值	修正/更新值
			kg N$_2$O-N/kg N$_{-influent}$	
《IPCC 2006 年国家温室气体清单指南》（2019 修订版）参考数据				
AO	BNR	Daelman et al.，2015	0.028	0.028
AO	BNR	Foley et al.，2010	0.021	**0.0132**[1]
AO	BNR	Foley et al.，2010	0.045	**0.03**
AAO	BNR	Foley et al.，2010	0.013	**0.00562**
SBR	BNR	Foley et al.，2010	0.023	**0.0176**
氧化沟	BNR	Foley et al.，2010	0.008	**0.00571**
EA	BNR	Foley et al.，2010	0.015	**0.0115**
间歇曝气	BNR	Kimochi et al.，1998	0.0005	0.0005
AAO	BNR	Wang et al.，2016	0.013	0.0129
传统活性污泥	BNR	Aboobakar et al.，2013	0.00036	0.00036
AO	BNR	Rodriguez-Caballero et al.，2014	0.12	0.00116
氧化沟	BNR	Masuda et al.，2018	0.00016	**0.00014**[2]
AO	BNR	Masuda et al.，2018	0.0013	**0.0012**
AO	BNR	Masuda et al.，2018	0.0049	**0.0037**
生物脱氮除磷	BNR	Ahn et al.，2010	0.00019	**0.000127**[3]
Bardenpho	BNR	Ahn et al.，2010	0.0036	**0.00242**
多点进水生物脱氮除磷	BNR	Ahn et al.，2010	0.011	**0.00706**
MLE	BNR	Ahn et al.，2010	0.0007	**0.000445**
MLE	BNR	Ahn et al.，2010	0.0006	**0.000382**
氧化沟	BNR	Ahn et al.，2010	0.0003	**0.000191**
多点进水生物脱氮除磷	BNR	Ahn et al.，2010	0.015	**0.00954**
多点进水推流反应器	BNR	Ni et al.，2015	0.019	0.019
SBR	BNR	Bao et al.，2016	0.029	**0.019**
SBR	BNR	Rodriguez-Caballero et al.，2015	0.038	0.038
推流	Non-BNR	Ahn et al.，2010	0.004	**0.00226**
推流	Non-BNR	Ahn et al.，2010	0.0062	**0.00258**
多点进水曝气池	Non-BNR	Ahn et al.，2010	0.0018	**0.0063**
推流	Non-BNR	Masuda et al.，2015	0.023	**0.00002299**
AO	Non-BNR	Bao et al.，2016	0.013	**0.009**
间歇曝气	Non-BNR	deMello et al.，2013	0.0016	0.0016

处理工艺	类型	来源	IPCC 计算值	修正/更新值
			$kg\ N_2O\text{-}N/kg\ N_{\text{-influent}}$	
本指南延伸更新参考数据				
间歇曝气	BNR	Kimochi et al.，1998		0.0008
间歇曝气	BNR	Kimochi et al.，1998		0.0001
曝气生物池	BNR	Brotto et al.，2010		0.0014
AAO	BNR	Wang et al.，2011		0.00068
SBR	BNR	Delre et al.，2017		0.00133
生物脱氮除磷	BNR	Delre et al.，2017		0.0024
传统活性污泥	BNR	Delre et al.，2017		0.0004
MBBR	BNR	Delre et al.，2017		0.00277
Bardenpho	BNR	Delre et al.，2017		0.00074
曝气生物池	Non-BNR	Czepiel et al.，1995		0.00022
传统活性污泥	BNR	Gruber et al.，2020		0.018
间歇曝气	BNR	Gruber et al.，2020		0.01
SBR	BNR	Gruber et al.，2020		0.024
传统活性污泥	BNR	Tumendelger et al.，2019		0.00008
MLE	BNR	Tumendelger et al.，2019		0.00001
间歇曝气	BNR	Valkova et al.，2021		0.001
SBR	BNR	Valkova et al.，2021		0.00228
间歇曝气	BNR	Valkova et al.，2021		0.00007
多级活性污泥	BNR	Valkova et al.，2021		0.01198
传统活性污泥	BNR	Valkova et al.，2021		0.01184
推流	BNR	Valkova et al.，2021		0.000295
CSTR	BNR	Valkova et al.，2021		0.00005
传统活性污泥	BNR	Valkova et al.，2021		0.00516
传统活性污泥	BNR	Valkova et al.，2021		0.0085
传统活性污泥	BNR	Valkova et al.，2021		0.013
AO	BNR	Blomberg et al.，2018		0.0134
SBR	BNR	Sun et al.，2013		0.056
AO	BNR	Sun et al.，2017		0.016
AAO	BNR	Sun et al.，2013		0.0186
SBR	BNR	Sun et al.，2013		0.0625
AAO	BNR	Vieira et al.，2019		0.000055
推流	Non－BNR	Vieira et al.，2019		0.00143
MLE	BNR	Vieira et al.，2019		0.000025
MLE	BNR	Vieira et al.，2019		0.000089

处理工艺	类型	来源	IPCC 计算值	修正/更新值
			kg N$_2$O-N/kg N$_{-influent}$	
MLE	BNR	Vieira et al.，2019		0.00051
短程硝化-厌氧氨氧化	BNR	Castro-Barros et al.，2015		0.02
氧化沟	BNR	Yan et al.，2014		0.00173
倒置 AAO	BNR	Yan et al.，2014		0.00064
AAO	BNR	Yan et al.，2014		0.00055
氧化沟	BNR	Ren et al.，2012		0.000899
AAO	BNR	Ren et al.，2012		0.000969
倒置 AAO	BNR	Ren et al.，2012		0.000712
AO	BNR	Chen et al.，2019		0.0105
AO	BNR	Bellandi et al.，2018		0.00012
传统活性污泥	Non－BNR	Bellandi et al.，2018		0.0004
UCT	BNR	Bellandi et al.，2018		0.0005
好氧颗粒污泥	BNR	vanDijk et al.，2021		0.0033

1 该列加粗数据为本指南修正数据，其中 Foleyetal（2010）所计算的原始 N$_2$O 排放因子考虑了剩余污泥中的氮，但 IPCC 整理时未予考虑，导致结果偏高，其他数据修正主要原因为获取数据或数值计算错误；

2 Masuda et al.（2018）监测的 N$_2$O 排放因子是基于去除总氮负荷的，IPCC 整理时未予考虑，本指南进行了修正；

3 Ahn et al.（2010）监测确定排放因子原始数据检测了冬期和夏期两个时间段，IPCC 整理时混淆了不同污水处理厂的数据。

附录 B.8　不同类型植被固碳因子

不同类型植被固碳因子　　　　　　　　　　　　　　　**附表 B-10**

植被类型	固碳系数[kg/(m^2·a)]
乔木、灌木、花草密植混种	27.5
大小乔木密植混种	22.5
落叶大乔木	20.2
落叶小乔木、针叶木、疏叶形乔木	13.4
高约 1.25m 密植灌木丛	10.3
高约 0.85m 密植灌木丛	8.2
高约 0.55m 密植灌木丛	5.2
高 1m 野草地	1.2
高 0.25m 低茎野草	0.4

附录 C 建设材料清单速查表

附录 C.1 给水系统建设清单

给水处理厂建设清单速查表

附表 C-1

项目		单位用量	能源消耗排放强度 ($t\ CO_2\text{-}eq/\text{万}\ m^3$)	生产排放强度 ($t\ CO_2\text{-}eq/\text{万}\ m^3$)	运输排放强度[1] ($t\ CO_2\text{-}eq/\text{万}\ m^3$)	总排放强度 ($t\ CO_2\text{-}eq/\text{万}\ m^3$)	投资排放强度 ($t\ CO_2\text{-}eq/\text{万元}$)
小型厂区 (<5万 m^3/d)	常规处理						
	水泥	607.680	$t/\text{万}\ m^3$	—	446.645	0.693	447.338	1.027
	木材	144.000	$m^3/\text{万}\ m^3$	—	20.808	0.164	20.972	
	钢筋	194.418	$t/\text{万}\ m^3$	—	454.938	0.222	455.160	
	砂	313.600	$m^3/\text{万}\ m^3$	—	1.102	0.358	1.459	
	碎石	2352.000	m^3/m^3	—	7.691	2.681	10.372	
	钢管及配件	38.020	$t/\text{万}\ m^3$	—	96.191	0.043	96.234	
	柴油	25.212	$t/\text{万}\ m^3$	76.392	—	0.029	76.421	
	电	17.394	kWh/m^3	101.564	—	—	101.564	
	合计			177.956	1027.375	4.189	1209.520	

续表

项目		单位用量		能源消耗排放强度 (t CO₂-eq/万 m³)	生产排放强度 (t CO₂-eq/万 m³)	运输排放强度[1] (t CO₂-eq/万 m³)	总排放强度 (t CO₂-eq/万 m³)	投资排放强度 (t CO₂-eq/万元)
中型厂区 (5万 m³/d～ 10万 m³/d)	水泥	540.956	t/万 m³	—	397.603	0.617	398.219	1.018
	木材	99.000	m³/万 m³	—	14.306	0.113	14.418	
	钢筋	173.266	t/万 m³	—	405.442	0.198	405.640	
	砂	137.900	m³/万 m³	—	0.048	0.157	0.206	
	碎石	1969.000	m³/m³	—	6.439	2.245	8.683	
	钢管及配件	33.207	t/万 m³	—	84.014	0.038	84.052	
	柴油	22.604	t/万 m³	68.490	—	0.026	68.516	
	电	15.594	kWh/m³	91.053	—	—	91.053	
	合计			159.543	907.852	3.393	1070.787	
大型厂区 (≥10万 m³/d)	水泥	416.907	t/万 m³	—	306.426	0.475	306.902	0.996
	木材	76.125	m³/万 m³	—	8.7163	0.087	8.803	
	钢筋	132.920	t/万 m³	—	311.034	0.152	311.185	
	砂	648.925	m³/万 m³	—	2.280	0.740	3.020	
	碎石	1611.250	m³/m³	—	5.269	1.837	7.106	
	钢管及配件	27.151	t/万 m³	—	68.693	0.031	68.724	
	柴油	18.040	t/万 m³	54.661	—	0.021	54.682	
	电	12.445	kWh/m³	72.666	—	—	72.666	
	合计			127.327	702.4183	3.342	833.087	

续表

项目	单位用量		能源消耗排放强度 (t CO₂-eq/万 m³)	生产排放强度 (t CO₂-eq/万 m³)	运输排放强度[1] (t CO₂-eq/万 m³)	总排放强度 (t CO₂-eq/万 m³)	投资排放强度 (t CO₂-eq/万元)
预处理＋常规处理							
小型厂区 (<5 万 m³/d)	水泥	743.748 t/万 m³	—	546.655	0.848	547.503	1.027
	木材	137.000 m³/万 m³	—	19.797	0.156	19.953	
	钢筋	233.642 t/万 m³	—	546.722	0.266	546.989	
	砂	378.600 m³/万 m³	—	1.330	0.432	1.762	
	碎石	2627.000 m³/m³	—	8.590	2.995	11.585	
	钢管及配件	38.390 t/万 m³	—	97.127	0.044	97.170	
	柴油	31.298 t/万 m³	94.833	—	0.036	94.869	
	电	21.592 kWh/m³	126.076	—	—	126.076	
	合计		220.909	1220.221	4.776	1445.906	
中型厂区 (5 万 m³/d～ 10 万 m³/d)	水泥	672.116 t/万 m³	—	494.005	0.766	494.771	1.036
	木材	127 m³/万 m³	—	18.352	0.145	18.496	
	钢筋	211.176 t/万 m³	—	494.152	0.241	494.393	
	砂	171 m³/万 m³	—	0.060	0.195	0.255	
	碎石	2443 m³/m³	—	7.989	2.785	10.774	
	钢管及配件	33.839 t/万 m³	—	85.613	0.039	85.651	
	柴油	27.821 t/万 m³	84.298	—	0.032	84.329	
	电	19.192 kWh/m³	112.062	—	—	112.062	
	合计		196.36	1100.171	4.202	1300.732	

续表

项目		单位用量	能源消耗排放强度 (t CO₂-eq/万 m³)	生产排放强度 (t CO₂-eq/万 m³)	运输排放强度[1] (t CO₂-eq/万 m³)	总排放强度 (t CO₂-eq/万 m³)	投资排放强度 (t CO₂-eq/万元)
大型厂区 (≥10 万 m³/d)	水泥	510.978 t/万 m³	—	375.568	0.583	376.151	1.006
	木材	95.875 m³/万 m³	—	10.978	0.109	11.087	
	钢筋	165.329 t/万 m³	—	386.870	0.188	387.058	
	砂	804.075 m³/万 m³	—	2.826	0.917	3.742	
	碎石	1795.250 m³/m³	—	5.870	2.047	7.917	
	钢管及配件	28.029 t/万 m³	—	70.914	0.032	70.946	
	柴油	21.844 t/万 m³	66.186	—	0.025	66.211	
	电	15.069 kWh/m³	87.988	—	—	87.988	
	合计		154.174	853.026	3.900	1011.100	
预处理+常规处理+深度处理							
小型厂区 (<5 万 m³/d)	水泥	1014.540 t/万 m³	—	745.687	1.157	746.843	0.994
	木材	174.000 m³/万 m³	—	25.143	0.198	25.341	
	钢筋	311.392 t/万 m³	—	728.657	0.355	729.012	
	砂	463.000 m³/万 m³	—	1.627	0.528	2.155	
	碎石	3432.000 m³/m³	—	11.223	3.912	15.135	
	钢管及配件	51.268 t/万 m³	—	129.708	0.058	129.766	
	柴油	41.732 t/万 m³	126.448	—	0.048	126.496	
	电	28.788 kWh/m³	168.093	—	—	168.093	
	合计		294.541	1642.045	6.256	1942.842	

续表

项目	单位用量		能源消耗排放强度 (t CO₂-eq/万 m³)	生产排放强度 (t CO₂-eq/万 m³)	运输排放强度1 (t CO₂-eq/万 m³)	总排放强度 (t CO₂-eq/万 m³)	投资排放强度 (t CO₂-eq/万元)
中型厂区 (5万 m³/d~ 10万 m³/d) 水泥	934.611	t/万 m³	—	686.939	1.065	688.005	
木材	153.000	m³/万 m³	—	22.109	0.174	22.283	
钢筋	284.550	t/万 m³	—	665.847	0.324	666.171	
砂	211.300	m³/万 m³	—	0.074	0.241	0.315	
碎石	3116.000	m³/万 m³	—	10.189	3.552	13.742	1.008
钢管及配件	46.940	t/万 m³	—	118.758	0.054	118.812	
柴油	39.123	t/万 m³	118.543	—	0.045	118.587	
电	26.989	kWh/m³	157.589	—	—	157.589	
合计			276.132	1503.916	5.455	1785.503	
大型厂区 (≥10万 m³/d) 水泥	754.789	t/万 m³	—	554.770	0.860	555.630	
木材	121.250	m³/万 m³	—	13.883	0.138	14.021	
钢筋	227.828	t/万 m³	—	533.118	0.260	533.377	
砂	1050.213	m³/万 m³	—	3.690	1.197	4.888	
碎石	2498.625	m³/万 m³	—	8.171	2.848	11.019	0.993
钢管及配件	38.247	t/万 m³	—	96.765	0.044	96.808	
柴油	31.407	t/万 m³	95.164	—	0.036	95.199	
电	21.666	kWh/m³	126.510	—	—	126.510	
合计			221.674	1210.397	5.383	1437.453	
配水泵站							
小型 (<5万 m³/d) 水泥	193.636	t/万 m³	—	142.322	0.221	142.543	
木材	36.000	m³/万 m³	—	5.202	0.041	5.243	
钢筋	61.918	t/万 m³	—	144.888	0.071	144.959	1.004
砂	96.800	m³/万 m³	—	0.340	0.110	0.451	
碎石	727.000	m³/万 m³	—	2.377	0.829	3.206	

续表

项目		单位用量	能源消耗排放强度 (t CO$_2$-eq/万m³)	生产排放强度 (t CO$_2$-eq/万m³)	运输排放强度[1] (t CO$_2$-eq/万m³)	总排放强度 (t CO$_2$-eq/万m³)	投资排放强度 (t CO$_2$-eq/万元)
小型 (<5万m³/d)	钢管及配件	4.372 t/万m³	—	11.061	0.014	11.075	
	柴油	12.024 t/万m³	36.433	—	0.009	36.442	1.004
	电	7.824 kWh/m³	45.684	—	—	45.684	
	合计		82.117	306.191	1.294	389.602	
中型 (5万m³/d~10万m³/d)	水泥	174.017 t/万m³	—	127.902	2.180	130.083	
	木材	31.000 m³/万m³	—	4.480	0.198	4.678	
	钢筋	55.475 t/万m³	—	129.812	0.035	129.847	
	砂	44.400 m³/万m³	—	0.016	0.063	0.079	
	碎石	634.000 m³/m³	—	2.073	0.051	2.124	0.975
	钢管及配件	10.305 t/万m³	—	26.072	0.723	26.794	
	柴油	6.955 t/万m³	21.074	—	0.012	21.085	
	电	4.798 kWh/m³	28.016	—	0.008	28.023	
	合计		49.090	290.355	—	339.443	
大型 (≥10万m³/d)	水泥	131.333 t/万m³	—	96.530	0.150	96.679	
	木材	24.750 m³/万m³	—	2.834	0.028	2.862	
	钢筋	41.927 t/万m³	—	98.109	0.048	98.157	
	砂	212.063 m³/万m³	—	0.745	0.242	0.987	
	碎石	520.625 m³/m³	—	1.702	0.594	2.296	0.989
	钢管及配件	3.186 t/万m³	—	8.061	0.010	8.071	
	柴油	8.368 t/万m³	25.354	—	0.006	25.360	
	电	5.542 kWh/m³	32.362	—	—	32.362	
	合计		57.716	207.981	1.077	266.774	

[1] 以重型柴油货车（载重 46t）运输 20km 计。

附录 C.2 输配水管网建设清单

输配水管网建设清单速查表

附表 C-2

管材	管径	生产排放强度 (t CO$_2$-eq/km)	施工排放强度（每 m 埋深下） [t CO$_2$-eq/(km·m)]	运输排放强度[1]（20km） (t CO$_2$-eq/km)	总排放强度 (t CO$_2$-eq/km)	投资排放强度 (t CO$_2$-eq/万元)
球墨铸铁管道	DN 300	103.28	2.47	0.05	105.07	1.33
	DN 400	153.44	2.70	0.08	155.41	1.54
	DN 500	211.58	3.27	0.11	213.98	1.60
	DN 600	278.16	3.39	0.14	280.67	2.12
	DN 700	353.40	3.62	0.18	356.11	2.42
	DN 800	437.76	4.12	0.22	440.87	2.91
	DN 900	528.96	4.35	0.26	532.27	3.13
	DN 1000	627.00	4.58	0.31	630.52	3.40
	DN 1200	852.04	5.02	0.43	855.97	4.05
钢管道	DN 300	179.53	2.47	0.08	181.34	1.88
	DN 400	226.65	2.68	0.11	228.63	1.99
	DN 500	284.80	3.25	0.13	287.21	1.90
	DN 600	342.87	3.40	0.16	345.41	2.40
	DN 700	400.71	3.59	0.19	403.41	2.68
	DN 800	458.78	4.07	0.22	461.85	2.98
	DN 900	516.62	4.29	0.24	519.86	2.91
	DN 1000	574.70	4.50	0.27	578.11	2.98
	DN 1200	690.61	4.93	0.32	694.38	3.16

[1] 以重型柴油货车（载重 46t）运输 20km 计。

附录 C.3 污水管渠建设清单

附表 C-3

污水管渠建设清单速查表

管材	管径	生产排放强度 (t CO$_2$-eq/km)	施工排放强度（每 m 埋深下）[t CO$_2$-eq/(km·m)]	运输排放强度[1] (t CO$_2$-eq/km)	总排放强度[2] (t CO$_2$-eq/km)	投资排放强度 (t CO$_2$-eq/万元)
钢筋混凝土管道	d 600 [3]	41.3	15.5	0.29	52.4	3.1
	d 800	70.9	21.8	0.50	86.7	4.3
	d 1000	106.2	28.3	0.72	126.7	5.2
	d 1200	152.1	36.6	1.03	178.8	6.1
	d 1400	234.5	39.2	1.59	263.5	8.1
	d 1600	309.5	49.7	2.10	346.4	8.8
	d 1800	373.5	55.6	2.43	414.9	9.2
	d 2000	491.5	60.0	2.99	536.5	10.7
HDPE 管道	dn 600 [4]	172.6	18.2	0.002	17.9	0.5
	dn 800	292.2	18.5	0.003	20.8	0.5
	dn 1000	455.9	19.2	0.005	24.4	0.5
	dn 1200	547.8	21.0	0.007	29.9	0.5
	dn 1400	596.7	21.6	0.009	36.1	0.5
	dn 1600	656.4	21.9	0.013	44.1	0.5
	dn 1800	716.1	22.2	0.015	49.6	0.5
	dn 2000	835.4	22.5	0.017	55.1	0.5

1 以重型柴油货车（载重 46 t）运输 20km 计；
2 总排放强度中施工排放强度以埋深 0.7m 计（《室外排水设计标准》GB 50014—2021 中管顶最小覆土深宜为：车行道下 0.7m）；
3 混凝土管道等管材管径以管道内径"d"表示；
4 HDPE 管道管径以公称直径"dn"表示，即管道外径与内径均值。

附录 C.4　污水处理厂建设清单速查表

污水处理厂建设清单速查表

附表 C-4

材料		单位用量		能源消耗排放强度 (t CO₂-eq/万 m³)（不含污泥消化）	生产排放强度 (t CO₂-eq/万 m³)	运输排放强度[1] (t CO₂-eq/万 m³)	总排放强度 (t CO₂-eq/万 m³)	投资排放强度 (t CO₂-eq/万元)
				一级 B 污水处理厂（不含污泥消化）				
小型厂区 (<1 万 m³/d)	水泥	1953.2	t/万 m³	—	1435.6	2.2	1437.8	
	木材	247.0	m³/万 m³	—	0.0	0.3	0.3	
	钢筋	421.2	t/万 m³	—	985.6	0.5	986.1	
	砂	4771.0	m³/万 m³	—	16.8	5.4	22.2	
	碎石	7787.0	m³/m³	—	24.6	8.9	33.5	
	钢管及配件	89.6	t/万 m³	—	226.7	0.1	226.8	
	柴油	79.7	t/万 m³	247.1	0.0	0.1	247.2	
	电	550.0	MWh/万 m³	321.1	0.0	—	321.1	
	合计			568.2	2689.3	17.5	3275.0	1.3
中型厂区 (1 万 m³/d~ 10 万 m³/d)	水泥	1176.5	t/万 m³	—	864.7	1.3	866.1	
	木材	150.0	m³/万 m³	—	0.0	0.2	0.2	
	钢筋	317.1	t/万 m³	—	742.0	0.4	742.4	
	砂	3375.0	m³/万 m²	—	11.9	3.8	15.7	
	碎石	4690.0	m³/m³	—	14.8	5.3	20.2	
	钢管及配件	54.0	t/万 m³	—	136.6	0.1	136.7	
	柴油	64.3	t/万 m³	199.3	—	0.1	199.4	
	电	444.0	MWh/万 m³	259.3	—	—	259.3	
	合计			458.6	1770.1	11.2	2239.9	1.3

续表

材料		单位用量	能源消耗排放强度 (t CO_2-eq/万 m^3)	生产排放强度 (t CO_2-eq/万 m^3)	运输排放强度[1] (t CO_2-eq/万 m^3)	总排放强度 (t CO_2-eq/万 m^3)	投资排放强度 (t CO_2-eq/万元)
大型厂区 (≥10万 m^3/d)	水泥	951.0 t/万 m^3	—	699.0	1.1	700.1	1.1
	木材	120.0 m^3/万 m^3	—	0.0	0.1	0.2	
	钢筋	241.4 t/万 m^3	—	564.9	0.3	565.2	
	砂	2663.3 m^3/万 m^3	—	9.4	3.0	12.4	
	碎石	3800 m^3/m^3	—	12.0	4.3	16.3	
	钢管及配件	43.7 t/万 m^3	—	110.6	0.0	110.6	
	柴油	55.0 t/万 m^3	170.5	—	0.1	170.6	
	电	380.0 MWh/万 m^3	0.0	—	—	0.0	
	合计		170.5	1395.8	9.0	1575.3	
一级 B 污水处理厂（含污泥消化）							
小型厂区 (<1万 m^3/d)	水泥	2519.6 t/万 m^3	—	1851.9	2.9	1854.8	1.3
	木材	319.0 m^3/万 m^3	—	0.1	0.4	0.4	
	钢筋	543.4 t/万 m^3	—	1271.6	0.6	1272.2	
	砂	6155.0 m^3/万 m^3	—	21.6	7.0	28.6	
	碎石	10045.0 m^3/m^3	—	31.8	11.5	43.2	
	钢管及配件	115.6 t/万 m^3	—	292.5	0.1	292.6	
	柴油	103.0 t/万 m^3	319.3	—	0.1	319.4	
	电	711.0 MWh/万 m^3	415.2	—	—	415.2	
	合计		734.5	3469.4	22.6	4226.4	

续表

材料		单位用量		能源消耗排放强度 (t CO₂-eq/万 m³)	生产排放强度 (t CO₂-eq/万 m³)	运输排放强度[1] (t CO₂-eq/万 m³)	总排放强度 (t CO₂-eq/万 m³)	投资排放强度 (t CO₂-eq/万元)
中型厂区 (1万 m³/d～10万 m³/d)	水泥	1446.1	t/万 m³	—	1062.9	1.6	1064.5	1.2
	木材	184.6	m³/万 m³	—	0.0	0.2	0.2	
	钢筋	311.9	t/万 m³	—	729.8	0.4	730.2	
	砂	3534.0	m³/万 m³	—	12.4	4.0	16.4	
	碎石	5765.0	m³/m³	—	18.2	6.6	24.8	
	钢管及配件	66.4	t/万 m³	—	168.0	0.1	168.1	
	柴油	75.7	t/万 m³	234.7	—	0.1	234.8	
	电	522.0	MWh/万 m³	304.8	—	—	304.8	
	合计			539.5	1991.4	13.0	2543.8	
大型厂区 (≥10万 m³/d)	水泥	1131.4	t/万 m³	—	831.6	1.3	832.9	1.2
	木材	140.0	m³/万 m³	—	0.0	0.2	0.2	
	钢筋	243.2	t/万 m³	—	569.1	0.3	569.4	
	砂	2766.5	m³/万 m³	—	9.7	3.2	12.9	
	碎石	4515.5	m³/m³	—	14.3	5.1	19.4	
	钢管及配件	51.9	t/万 m³	—	131.3	0.1	131.4	
	柴油	64.1	t/万 m³	198.7	—	0.1	198.8	
	电	442.0	MWh/万 m³	258.1	—	—	258.1	
	合计			456.8	1556.0	10.2	2022.9	

续表

一级 A 污水处理厂（无污泥消化）

	材料	单位用量		能源消耗排放强度 (t CO₂-eq/万 m³)	生产排放强度 (t CO₂-eq/万 m³)	运输排放强度[1] (t CO₂-eq/万 m³)	总排放强度 (t CO₂-eq/万 m³)	投资排放强度 (t CO₂-eq/万元)
小型厂区 （<1 万 m³/d）	水泥	2832.1	t/万 m³	—	2081.6	3.2	2084.8	1.3
	木材	358.0	m³/万 m³	—	0.1	0.4	0.5	
	钢筋	610.8	t/万 m³	—	1429.3	0.7	1430.0	
	砂	6918.0	m³/万 m³	—	24.3	7.9	32.2	
	碎石	11291.0	m³/万 m³	—	35.7	12.9	48.6	
	钢管及配件	130.0	t/万 m³	—	328.9	0.1	329.0	
	柴油	115.6	t/万 m³	358.4	—	0.1	358.5	
	电	797.0	MWh/万 m³	465.4	—	—	465.4	
	合计			823.7	3899.8	25.4	4748.9	
中型厂区 （1 万 m³/d～ 10 万 m³/d）	水泥	1658.8	t/万 m³	—	1219.2	1.9	1221.1	1.2
	木材	211.5	m³/万 m³	—	0.0	0.2	0.3	
	钢筋	357.7	t/万 m³	—	837.0	0.4	837.4	
	砂	4053.8	m³/万 m³	—	14.2	4.6	18.9	
	碎石	6612.9	m³/万 m³	—	20.9	7.5	28.4	
	钢管及配件	76.1	t/万 m³	—	192.5	0.1	192.6	
	柴油	87.1	t/万 m³	270.0	—	0.1	270.1	
	电	601.0	MWh/万 m³	350.9	—	—	350.9	
	合计			620.9	2284.0	14.9	2919.8	

续表

材料	单位用量		能源消耗排放强度 (t CO₂-eq/万 m³)	生产排放强度[1] (t CO₂-eq/万 m³)	运输排放强度[1] (t CO₂-eq/万 m³)	总排放强度 (t CO₂-eq/万 m³)	投资排放强度[1] (t CO₂-eq/万元)
大型厂区 (≥10万 m³/d)							
水泥	1282.5	t/万 m³	—	942.6	1.5	944.1	
木材	158.5	m³/万 m³	—	0.0	0.2	0.2	
钢筋	275.7	t/万 m³	—	645.1	0.3	645.5	
砂	3136.0	m³/万 m³	—	11.0	3.6	14.6	1.2
碎石	5119.0	m³/m³	—	16.2	5.8	22.0	
钢管及配件	58.9	t/万 m³	—	149.0	0.1	149.1	
柴油	72.6	t/万 m³	225.1	—	0.1	225.1	
电	501.0	MWh/万 m²	292.5	—	—	292.5	
合计			517.6	1764.0	11.5	2293.1	
小型厂区 (<1万 m³/d)		一级 A 污水处理厂（含污泥消化）					
水泥	3379.0	t/万 m³	—	2483.6	3.9	2487.4	
木材	427.0	m³/万 m³	—	0.1	0.5	0.6	
钢筋	728.7	t/万 m³	—	1705.2	0.8	1706.0	
砂	8254.0	m³/万 m³	—	29.0	9.4	38.4	1.3
碎石	13472.0	m³/m³	—	42.6	15.4	57.9	
钢管及配件	153.9	t/万 m³	—	389.4	0.2	389.5	
柴油	137.2	t/万 m³	425.3	—	0.2	425.5	
电	946.0	MWh/万 m²	552.4	—	—	552.4	
合计			977.7	4649.8	30.3	5657.7	

续表

材料		单位用量		能源消耗排放强度 (t CO₂-eq/万 m³)	生产排放强度 (t CO₂-eq/万 m³)	运输排放强度[1] (t CO₂-eq/万 m³)	总排放强度 (t CO₂-eq/万 m³)	投资排放强度 (t CO₂-eq/万元)
中型厂区 (1万 m³/d～ 10万 m³/d)	水泥	1419.0	t/万 m³	—	1043.0	1.6	1044.6	0.9
	木材	181.9	m³/万 m³	—	0.0	0.2	0.2	
	钢筋	306.0	t/万 m³	—	716.0	0.3	716.4	
	砂	3468.6	m³/万 m³	—	12.2	4.0	16.1	
	碎石	5655.7	m³/万 m³	—	17.9	6.4	24.3	
	钢管及配件	65.1	t/万 m³	—	164.7	0.1	164.8	
	柴油	75.3	t/万 m³	233.4	—	0.1	233.5	
	电	519.0	MWh/万 m³	303.0	—	—	303.0	
	合计			536.4	1953.8	12.7	2503.0	
大型厂区 (≥10万 m³/d)	水泥	1538.6	t/万 m³	—	1130.9	1.8	1132.6	1.2
	木材	190.5	m³/万 m³	—	0.0	0.2	0.3	
	钢筋	330.7	t/万 m³	—	773.8	0.4	774.2	
	砂	3763.0	m³/万 m³	—	13.2	4.3	17.5	
	碎石	6141.5	m³/万 m³	—	19.4	7.0	26.4	
	钢管及配件	70.6	t/万 m³	—	178.6	0.1	178.7	
	柴油	87.1	t/万 m³	270.0	—	0.1	270.1	
	电	601.0	MWh/万 m³	350.9	—	—	350.9	
	合计			620.9	2116.0	13.8	2750.8	

续表

提标改造至一级A污水处理厂（不含污泥消化）

材料		单位用量		能源消耗排放强度（t CO₂-eq/万 m³)	生产排放强度（t CO₂-eq/万 m³)	运输排放强度[1]（t CO₂-eq/万 m³)	总排放强度（t CO₂-eq/万 m³)	投资排放强度（t CO₂-eq/万元)
小型厂区（<1万 m³/d)	水泥	957.1	t/万 m³	—	703.5	1.1	704.6	1.3
	木材	121.0	m³/万 m³	—	0.0	0.1	0.2	
	钢筋	206.4	t/万 m³	—	483.0	0.2	483.2	
	砂	2338.0	m³/万 m³	—	8.2	2.7	10.9	
	碎石	3816.0	m³/m³	—	12.1	4.4	16.4	
	钢管及配件	43.9	t/万 m³	—	111.1	0.1	111.1	
	柴油	38.7	t/万 m³	120.0	—	0.0	120.0	
	电	267.0	MWh/万 m³	155.9	—	—	155.9	
	合计			275.9	1317.8	8.6	1602.3	
中型厂区（1万 m³/d~10万 m³/d)	水泥	589.2	t/万 m³	—	433.1	0.7	433.7	1.2
	木材	75.1	m³/万 m³	—	0.0	0.1	0.1	
	钢筋	127.1	t/万 m³	—	297.4	0.1	297.6	
	砂	1439.9	m³/万 m³	—	5.1	1.6	6.7	
	碎石	2348.9	m³/m³	—	7.4	2.7	10.1	
	钢管及配件	27.0	t/万 m³	—	68.3	0.0	68.3	
	柴油	31.0	t/万 m³	96.1	—	0.0	96.1	
	电	214.0	MWh/万 m³	125.0	—	—	125.0	
	合计			221.1	811.3	5.3	1037.6	

续表

材料		单位用量		能源消耗排放强度 (t CO$_2$-eq/万 m^3)	生产排放强度 (t CO$_2$-eq/万 m^3)	运输排放强度[1] (t CO$_2$-eq/万 m^3)	总排放强度 (t CO$_2$-eq/万 m^3)	投资排放强度 (t CO$_2$-eq/万元)
大型厂区 (≥10万 m^3/d)	水泥	444.7	t/万 m^3	—	326.9	0.5	327.4	1.2
	木材	55.0	m^3/万 m^3	—	0.0	0.1	0.1	
	钢筋	95.6	t/万 m^3	—	223.7	0.1	223.8	
	砂	1087.5	m^3/万 m^3	—	3.8	1.2	5.1	
	碎石	1775.0	m^3/m^3	—	5.6	2.0	7.6	
	钢管及配件	20.4	t/万 m^3	—	51.6	0.0	51.6	
	柴油	25.0	t/万 m^3	77.5	—	0.0	77.5	
	电	173.0	MWh/万 m^3	101.0	—	—	101.0	
	合计			178.5	611.6	4.0	794.1	
小型厂区 (<1万 m^3/d)	水泥	1445.3	t/万 m^3	—	1062.3	1.6	1063.9	1.3
	木材	183.0	m^3/万 m^3	—	0.0	0.2	0.2	
	钢筋	311.7	t/万 m^3	—	729.4	0.4	729.7	
	砂	3531.0	m^3/万 m^3	—	12.4	4.0	16.4	
	碎石	5762.0	m^3/m^3	—	18.2	6.6	24.8	
	钢管及配件	66.3	t/万 m^3	—	167.7	0.1	167.8	
	柴油	58.6	t/万 m^3	181.7	—	0.1	181.7	
	电	405.0	MWh/万 m^3	236.5	—	—	236.5	
	合计			418.1	1990.1	12.9	2421.2	

提标改造至准IV类污水处理厂（不含污泥消化）

材料	单位用量		能源消耗排放强度 (t CO₂-eq/万 m³)	生产排放强度 (t CO₂-eq/万 m³)	运输排放强度[1] (t CO₂-eq/万 m³)	总排放强度 (t CO₂-eq/万 m³)	投资排放强度 (t CO₂-eq/万元)
中型厂区 (1万 m³/d ~ 10万 m³/d)							
水泥	884.3	t/万 m³	—	650.0	1.0	651.0	
木材	112.7	m³/万 m³	—	0.0	0.1	0.1	
钢筋	190.7	t/万 m³	—	446.2	0.2	446.5	
砂	2160.9	m³/万 m³	—	7.6	2.5	10.1	
碎石	3525.5	m³/m³	—	11.1	4.0	15.2	
钢管及配件	40.6	t/万 m³	—	102.7	0.0	102.8	
柴油	46.4	t/万 m³	143.8	—	0.1	143.9	
电	320.0	MWh/万 m³	0.0	—	—	0.0	
合计			143.9	1217.7	7.9	1369.5	1.0
大型厂区 (≥10万 m³/d)							
水泥	675.9	t/万 m³	—	496.8	0.8	497.6	
木材	83.5	m³/万 m³	—	0.0	0.1	0.1	
钢筋	145.3	t/万 m³	—	340.0	0.2	340.2	
砂	1653.0	m³/万 m³	—	5.8	1.9	7.7	
碎石	2698.0	m³/m³	—	8.5	3.1	11.6	
钢管及配件	31.0	t/万 m³	—	78.4	0.0	78.5	
柴油	38.4	t/万 m³	119.0	—	0.0	119.1	
电	265.0	MWh/万 m³	0.0	—	—	0.0	
合计			119.1	929.6	6.1	1054.7	1.0

[1] 以重型柴油货车（载重 46t）运输 20km 计。

附录 C.5 雨水设施温室气体排放量核算

雨水设施温室气体排放量核算

附表 C-5

设施分类	设施类型		材料碳排放强度	施工碳排放强度	运输碳排放强度	建造总碳排放强度	单位
雨水管渠系统	管渠类构筑物	PE管	0.664	0.161	11.933	12.758	kg CO_2-eq/m
		渗管	20.307	0.396	8.044	28.747	kg CO_2-eq/m³
		渗渠	77.765	0.397	8.416	86.578	kg CO_2-eq/m³
		导流渠	133.618	0.402	6.262	140.282	kg CO_2-eq/m
	其他转输设施	转输型干式植草沟	4.880	0.409	3.141	8.430	kg CO_2-eq/m
	植草沟	渗透型干式植草沟	17.220	0.657	5.709	19.757	kg CO_2-eq/m
		湿式植草沟	25.367	0.778	11.746	36.651	kg CO_2-eq/m
雨水控制措施	透水铺装（以透水水泥混凝土为例）	人行道	17.679	0.194	17.680	37.891	kg CO_2-eq/m²
		行车载荷≤5t	39.937	0.334	39.940	80.211	kg CO_2-eq/m²
		行车载荷 5~8t	51.828	0.373	51.830	104.031	kg CO_2-eq/m²
		行车载荷 8~13t	59.755	0.420	59.750	119.925	kg CO_2-eq/m²
	渗滞类设施	生物滞留区	11.684	0.130	3.666	15.480	kg CO_2-eq/m²
		雨水花园（以净化型雨水花园为例）	35.114	0.662	8.074	43.850	kg CO_2-eq/m²
		简易型生态树池	151.666	0.593	13.684	165.943	kg CO_2-eq/m²

续表

设施分类	设施类型	材料碳排放强度	施工碳排放强度	运输碳排放强度	建造总碳排放强度	单位
雨水控制措施	渗滞类设施					
	净化型生态树池	142.982	0.816	12.039	155.837	kg CO_2-eq/m²
	高位花坛（以滞留型高位花坛为例）	184.010	0.520	45.082	229.612	kg CO_2-eq/m²
	下沉式绿地	10.608	0.207	2.281	13.096	kg CO_2-eq/m²
	简易型绿色屋顶	77.865	4.372	3.351	85.588	kg CO_2-eq/m²
	花园型绿色屋顶	113.289	71.445	12.675	197.409	kg CO_2-eq/m²
	渗透塘	7.440	0.408	3.458	11.084	kg CO_2-eq/m²
	渗井	183.234	9.150	35.197	227.580	kg CO_2-eq/m³
	集蓄利用类设施 蓄水池（按蓄水容量计算）	506.635	1.971	16.786	525.392	kg CO_2-eq/m³
	雨水罐（PE）	73.982	1.932	2.346	78.260	kg CO_2-eq/m³
	雨水罐（玻璃钢）	62.623	1.932	2.450	67.005	kg CO_2-eq/m³
	调蓄类设施 湿塘	0.490	0.518	7.688	8.696	kg CO_2-eq/m³
	钢筋混凝土雨水调蓄池（按蓄水容量计算）	493.937	2.319	17.064	513.320	kg CO_2-eq/m³
	雨水调蓄池（模块）	261.618	2.334	11.530	275.482	kg CO_2-eq/m³
	截污净化类设施 植被缓冲带	参考植草沟				
	木桩驳岸	117.814	2.333	14.890	135.037	kg CO_2-eq/m
	石笼驳岸	197.778	6.645	86.72	291.142	kg CO_2-eq/m
	植草砖驳岸	408.908	1.955	41.572	452.435	kg CO_2-eq/m
	块石驳岸	144.639	2.299	16.939	163.877	kg CO_2-eq/m
	生态砌块驳岸	48.754	2.587	26.025	77.366	kg CO_2-eq/m
	雨水湿地	参考湿塘				
	沉淀池	325.897	人工施工，忽略	11.368	337.265	kg CO_2-eq/m³

附录 D 核 算 案 例

附录 D.1 给水处理厂核算案例

北京市某给水处理厂设计总规模为 50 万 m^3/d，分三期建设，现一期工程 10 万 m^3/d 已建成投产。水源取自附近相对高程为 40m 的水库，常年水源浊度在 15NTU 以下，SS 为 10mg/L，该取水泵站选用 4 台 350S75A、效率为 70％的水泵联用（3 用 1 备），送至给水处理厂的蓄水池；该期工程选用：取水泵站→机械搅拌混合→波纹板水力絮凝池→斜管沉淀池→均质砂滤池→活性炭吸附→加药送至清水池→送水泵站工艺，絮凝剂选用 PAC（聚合氯化铝），投加量为 20mg/L，消毒采用二氧化氯发生器现制现用，加药量为 1mg/L，给水产生的污水量为 4000m^3/d，调质投加石灰量按照 SS 的 10％投加，给水处理月耗电量为 15000kWh，药剂采购均来自方圆 20km 内的工程，污泥选用调质（预处理）→浓缩→脱水→外运填埋处理与处置方式，运至 20km 外的规划填埋地，所有运输采用中型柴油货车（载重 8t）；离心水泵（3 用 1 备）送至相对高程为 20m 的用户端。

1. 确定核算边界

该给水系统碳排放核算边界自取水泵站经水处理后输送到用户端，即取水泵站、水处理及送水泵站，所属该过程中因水活动产生的全部碳排放。时间边界以运行维护阶段为核算对象，该给水工程系统主要碳排放活动包括：

（1）电力引起的碳排放：取水、送水的水泵运行及搅拌等水处理设备运行使用的电力能源造成的间接碳排放。

（2）材料引起的碳排放：主要指该给水处理使用的药剂及药剂运输，选用的 PAC 混凝剂、用于消毒的二氧化氯药剂以及污泥调质投加的石灰造成的间接碳排放，运输药剂选用的中型柴油货车（载重 8t）使用能源造成的碳排放。

（3）给水污泥引起的碳排放：本项目工程给水水源水质较好，污泥主要是无机质，未获取污泥有机质指标，暂不考虑污泥填埋时有机质厌氧造成的碳排放；污泥处置外运选用的中型柴油货车（载重 8t）使用能源造成的碳排放。

2. 确定核算方法

根据该给水工程运行情况，参考本指南核算方法，碳排放计算方法见附表 D-1。

核算方法及需要监测的活动数据　　　　　　　　　　　附表 D-1

排放活动		核算方法	检测数据
电力消耗	取水泵站	5.2 节：式（5-2～5-3） 5.3 节：式（5-6）	用电量（kWh/d）
			实际提升扬程（m）
			水泵类型/效率（%）等参数
	给水处理	5.2 节：式（5-2）	用电量（kWh/d）
	送水泵站	5.2 节：式（5-2～5-3）	用电量（kWh/d）
			实际提升扬程（m）
			水泵类型/效率（%）等参数
药剂消耗	药剂消耗	5.2 节：式（5-4）	药剂消耗量（kg/d）
	运输排放	5.2 节：式（5-5）	运输载重（t）、距离（km）

3. 数据获取与收集

根据本指南第 8 章及该工程数据提供量，采集的运行维护数据见附表 D-2。

案例给水处理厂运行维护活动数据　　　　　　　　　　附表 D-2

指标	数值	指标	数值
取水扬程	40m	药剂运输距离	20km
水泵效率	70%	沉泥运输距离	15km
水处理耗电量	500kWh/d	运输方式	中型柴油货车（载重 8t）
PAC 混凝剂	2000kg/d	送水扬程	20m
ClO_2 消毒剂	100k/d	污泥量	4.1t/d
生石灰	100kg/d		

4. 核算结果整理

根据本指南提供的计算方法，核算并整理该给水系统运行维护产生的碳排放量，计算统计结果见附表 D-3。

案例给水处理厂碳排放核算结果　　　　　　　　　　　　　附表 D-3

排放项目		排放强度 （kg CO$_2$-eq/m^3）	年排放量 （t CO$_2$-eq）	比例
电力碳排放	取水泵站	0.147	5365.5	56.7%
	给水处理	0.005	182.5	1.9%
	送水泵站	0.074	2701	28.5%
材料碳排放	药剂	0.033	1204.5	12.8%
	运输	$7.59×10^{-5}$	2.78	0.03%
给水污泥碳排放	运输	$1.47×10^{-4}$	5.37	0.057%
合计		0.26	9462	—

由附表 D-3 可知，该给水系统，水泵站的电力消耗和药剂使用产生的碳排放量占总系统的 98%，其中取水、送水泵站引起的碳排放最具有代表性。因此，为降低水务系统运行维护的碳排放水平，应大力减少水泵站运行电耗和药剂投加使用量。该工程取水、送水泵站均采用一种型号水泵，过于单一，且可能造成压力浪费，可采用多种变频水泵联用，更贴合用户用水工况，同时，可进行分压、分区供水，减少给水处理药剂使用量，可采用污泥混凝剂回收和水力模型建立实现实时动态药剂投加。

附录 D.2　海水淡化厂核算案例

某海水淡化厂位于天津市，处理规模为 3000m^3/d。其使用无烟煤作为化石燃料，厂区每天总耗电量为 1000kWh。采用高温盐水再循环长管型多级闪蒸（MSF）海水淡化装置，每消耗 4681.8J 热量产淡水 18kg。

1. 确定核算边界

该海水淡化排放核算物理边界应覆盖厂区自进水至出水，囊括所有海水淡化处理构筑物、能源资源消耗及与其他企业物料运输过程产生的碳排放活动；时间边界仅包括运行维护阶段。该海水淡化厂主要温室气体排放活动包括：

（1）海水淡化过程直接排放：该海水淡化厂采用 MSF 装置。在海水淡化过程中，由于燃烧化石燃料，产生了化石源 CO$_2$，造成直接排放；

（2）资源、能源消耗间接排放：该海水淡化厂运行中消耗了电能，因而造成间接排放；

2. 确定核算方法

根据该海水淡化厂情况，参考本指南核算方法，最终选择的计算方法见附表D-4。

核算方法及需要监测的活动数据　　　　　　　　　　　　　　附表 D-4

排放活动		核算方法	监测数据
海水淡化厂碳排放	化石源 CO_2	5.3.4 节式（5-8）	淡化单位体积海水所消耗的热能（GJ/m³）
			使用第 i 种燃料的比例（%）
	电力消耗	5.2.2 节式（5-2）	运行维护日耗电量（kWh/d）
			日处理水量（m³/d）

3. 数据收集获取

参考本指南第8章数据获取与管理方法，获取该海水淡化厂运行维护期间活动数据，见附表D-5。

案例海水淡化厂运行维护活动数据　　　　　　　　　　　　附表 D-5

指标	数值
淡化单位体积海水所消耗的热能	2.6×10^{-4} GJ/m³
第 i 种燃料的排放因子	98.08kg CO_2-eq/GJ
使用第 i 种燃料的比例	100%
共使用 n 种化石燃料	1 种
运行维护日耗电量	1000kWh/d
该地区电力排放因子	0.9419kg CO_2-eq/kWh
日处理水量	3000m³/d

4. 核算结果整理

根据本指南核算方法，核算并整理该海水淡化厂运行维护碳排放强度，结果见附表D-6。

案例海水淡化厂运行维护碳排放核算结果　　　　　　　　　附表 D-6

排放活动	排放强度（kg CO_2-eq/m³）	年排放量（万 t CO_2-eq）	比例
化石源 CO_2	2.55×10^{-2}	2.79225	7.6%
电力消耗	0.31	33.945	92.4%
合计	0.3355	36.7373	—

161

附录 D.3 污水处理厂核算案例

某污水处理厂位于广东省深圳市，处理规模为 12.5 万 m^3/d，主要污水来源为生活污水。其污水处理采用 AAO 工艺，每日产生剩余污泥约 150t（含水率 80%），将其运输至 40km 外处置场地统一焚烧处理。

1. 确定核算边界

该污水处理厂碳排放核算物理边界应覆盖厂区自进水至出水，囊括所有污水/污泥处理构筑物、能源资源消耗及与其他企业物料运输过程产生的碳排放活动；时间边界仅包括运行维护阶段。该污水处理厂主要温室气体排放活动包括：

（1）污水处理过程直接排放：该处理厂采用 AAO 工艺处理污水。在处理过程中，由于微生物生化反应降解污水中污染物，产生了化石源 CO_2、CH_4 与 N_2O，造成直接排放；

（2）污泥处理过程直接排放：该处理厂采用焚烧方式处理、处置剩余污泥，其燃烧过程中将产生化石源 CO_2 与 N_2O，造成直接排放；

（3）资源、能源消耗间接排放：该处理厂运行中消耗了电能，因而造成间接排放；其使用聚合氯化铝作为除磷药剂，聚丙烯酰胺作为混凝剂，因而造成间接排放；剩余污泥与各类药剂需在厂区与其他企业间进行运输，因而造成间接排放。

2. 确定核算方法

根据该污水处理厂情况，参考本指南核算方法，最终选择的计算方法见附表 D-7。

核算方法及需要监测的活动数据　　　　　　　　　附表 D-7

排放活动		核算方法	监测数据
污水处理直接排放	化石源 CO_2	5.4.3 节式（5-21）~式（5-23）	处理厂进出水 BOD_5 浓度（mg/L）
			处理厂进出水 TN 浓度（mg/L）
			生物固体平均停留时间 SRT（d）
			水力停留时间 HRT（d）
			混合液挥发性悬浮固体浓度（mg/L）
			水温（℃）
	CH_4	5.4.3 节式（5-25）	处理厂进水 BOD_5 浓度（mg/L）
	N_2O	5.4.3 节式（5-28）	处理厂进水 TN 浓度（mg/L）

排放活动		核算方法	监测数据
污泥处理 直接排放	化石源 CO_2	5.4.3 节式 (5-39)	处理污泥干重 (kg/d)
			处理污泥碳含量 (%)
			污水流量 (m³/d)
	N_2O	5.4.3 节式 (5-45)	处理污泥干重 (kg/d)
			污水流量 (m³/d)
资源、能源 消耗间接 排放	电力消耗	5.2.2 节式 (5-2)	厂区电能消耗量 (kWh/d)
			污水流量 (m³/d)
	药剂消耗	5.2.3 节式 (5-4)	各类药剂消耗量 (kg/d)
			污水流量 (m³/d)
	运输排放	5.2.4 节式 (5-5)	运输总量与距离 (kg) (km)
			污水流量 (m³/d)

3. 数据收集获取

参考本指南第 8 章数据获取与管理方法，获取该污水处理厂运行维护期间活动数据，见附表 D-8。

案例污水处理厂运行维护活动数据　　　　　　　　　　　　　　附表 D-8

指标	数值	指标	数值
污水流量	125000m³/d	剩余污泥干重	30000kg/d
处理厂进水 BOD₅	97.13mg/L	处理厂出水 BOD₅	0.73mg/L
化石碳比例	1%	处理厂出水总氮	15mg/L
处理厂进水总氮	37.1mg/L	生物池 MLVSS 浓度	3074mg/L
生物池温度	23.78℃	生物池 SRT	23d
生物池 HRT	0.42d	电能消耗	42318kWh/d
剩余污泥碳含量	1.2%	聚合氯化铝消耗	80kg/d
聚丙烯酰胺消耗	85kg/d		

4. 核算结果整理

根据本指南核算方法，核算并整理该污水处理厂运行维护碳排放强度，结果见附表 D-9 及附图 D-1。

案例污水处理厂运行维护碳排放核算结果

附表 D-9

排放活动			排放强度 （kg CO_2-eq/m³）	年排放量 （万 t CO_2-eq）	比例
污水处理 直接排放	化石源 CO_2		0.035	0.157	5.11%
	CH_4		0.006	0.03	0.98%
	N_2O		0.104	0.48	15.61%
污泥处理 直接排放	化石源 CO_2		0.0006	0.003	0.10%
	N_2O		0.063	0.29	9.43%
资源能源消 耗间接排放	电力消耗		0.272	1.24	40.33%
	药剂 消耗	聚合氯化铝	0.188	0.86	27.97%
		聚丙烯酰胺	0.001	0.005	0.16%
	运输排放		0.003	0.01	0.33%
合计			0.6722	3.075	—

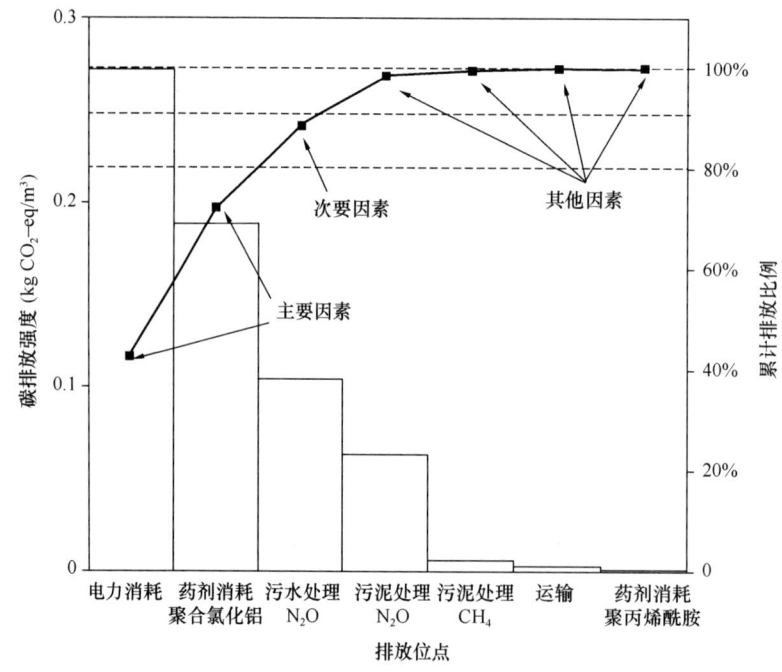

附图 D-1　案例污水处理厂核算结果排列图

　　由于污水处理过程中化石源 CO_2 排放量由生活污水水质情况决定，不属于污水处理厂可调控范围内，因此，不予考虑。则其他碳排放位点排放情况排列图如附图 D-1 所示。该污水处理厂造成碳排放的主要因素为：（1）电力消耗造成间接碳排放；（2）处理过程中消耗的除磷药剂聚合氯化铝造成间接排放；

　　次要因素为：污水处理中造成 N_2O 直接排放；

164

其他因素为：（a）污泥焚烧造成 N_2O 排放；（b）污水处理造成 CH_4 排放；（c）污泥焚烧造成化石源 CO_2 排放；（d）运输过程造成碳排放；（e）消耗絮凝剂聚丙烯酰胺造成间接排放。

因此，为降低案例污水处理厂碳排放水平与碳排放强度，首先应主要致力于降低主要因素碳排放强度，其次降低次要因素碳排放强度，最后设法降低其他因素碳排放强度。

5. 制订减排策略

结合本指南 7.5 节关于污水处理厂碳减排路径分析，针对案例污水处理厂提出以下减排方案：

（1）减碳策略：降低电力消耗

电力消耗造成的间接排放是该处理厂的主要排放因素，因此，优化机械设备运行能效，降低电力消耗量是重要的减排思路。该厂应进一步详细分析厂区内电力消耗占比情况，进而针对性地进行优化与更新。对于曝气过程，可以采取措施：1）采用新式设备与工艺，提高曝气效率，如更换新型高效设备、使用微气泡曝气等方法；2）使用前反馈或后反馈曝气优化控制技术，及时调整曝气量，避免过度曝气产生的电能损失；3）结合生物模型与自动化控制技术，精确控制曝气流量，最大化曝气系统能效；

对于水泵机组，可采取措施：1）及时维护受磨损、腐蚀的设备，也可更新、升级新型高效设备；2）优化水泵机组运行方案，优化水泵机组的运行状态、时段等，避免水泵低效或无效运行；3）为水泵机组增加变频功能，可在流量较低时相应地降低功率，避免空转，浪费电能；

此外，也可对该厂水处理工艺进行改造，采用高效低碳的水处理工艺，如紧凑型污水处理工艺、高效脱氮工艺等，降低污水处理能耗。

（2）减碳策略：降低药剂消耗

该厂污水处理效果不佳，需额外投加聚合氯化铝进行化学除磷是该厂碳排放的另一个主要原因。基于此，该厂应提高污水处理水平，增强生物处理能力，降低聚合氯化铝消耗量，可有效降低其碳排放强度。

（3）减碳策略：减少污水处理过程中 N_2O 直接排放量

污水处理中产生的 N_2O 气体排放是该厂碳排放的次要原因，可采取一定手段减少其产生与排放量。可通过控制污水处理环境参数调节微生物活动，进而减少 N_2O

排放量。

（4）替碳策略：资源、能源回收

除了减碳策略外，该厂也可采用替碳策略，通过回收资源、能源并向社会输出，从而抵扣自身的部分碳排放。例如，该厂污泥焚烧后的灰烬可再次回收加工为磷肥产品，替代矿石磷肥；该厂可采用水源热泵技术，回收污水中的余温热能并为周边地区制冷或供暖，替代传统的火力取暖方式，减少碳排放量。

附录 D.4　再生水处理核算案例

北京市某再生水厂为该污水处理厂的提标改造项目，将 $200000m^3/d$ 规模的污水处理部分二级出水（$100000m^3/d$）作为该再生水水源，进水水质如下：BOD_5 为 $8mg/L$，COD 为 $30mg/L$，TN 为 $7mg/L$，TP 为 $0.1mg/L$，氨氮为 $4mg/L$，SS 为 $6mg/L$，pH 为 7.5。该再生水主要用于建筑中水回用及工业再生水回用。采用二级出水→微絮凝→介质过滤→消毒→送水泵站工艺进行再处理，此过程产生的污泥并于污水处理厂污泥处理与处置。絮凝剂选用 PAC（聚合氯化铝），投加量为 $6mg/L$，消毒采用二氧化氯发生器现制现用，加药量为 $1mg/L$，二级出水经再处理的月耗电量为 $10000kWh$，药剂采购均来自方圆 20km 内的工厂，所有运输采用中型柴油货车（载重 8t）；出水由离心泵（3 用 1 备）送至相对高程为 18m 的用户端。

1. 确定核算边界

该再生水系统碳排放核算边界自污水处理二级出水计算，经水处理后输送至用户端，即水处理、送水泵站，所属该过程中因水活动造成的全部碳排放。时间边界以运行维护阶段为核算对象，该再生水系统主要碳排放活动包括：

（1）电力引起的碳排放：送水泵站及搅拌等水处理设备运行使用的电力能源造成的间接碳排放。

（2）材料引起的碳排放：主要指该水处理使用的药剂及药剂运输，选用的 PAC 混凝剂、用于消毒的二氧化氯药剂造成的间接碳排放，运输药剂选用的中型柴油货车（载重 8t）使用能源造成的碳排放。

（3）再生水沉泥引起的碳排放：本项目工程水源来自污水处理厂的提标改造，水质较好，污泥量较少且于原污水处理厂处理。

2. 确定核算方法

根据该给水工程运行情况，参考本指南核算方法，碳排放计算方法见附表 D-10。

核算方法及需要监测的活动数据　　　　　　　　　　　　　　**附表 D-10**

排放活动		核算方法	检测数据
电力消耗	水质净化	5.2 节：式（5-2）～式（5-3）	用电量（kWh）
	送水泵站	5.2 节：式（5-2）～式（5-3）	用电量（kWh）或实际提升扬程（m）、水泵类型及效率（%）
药剂消耗	药剂消耗	5.2 节：式（5-4）	药剂类型、用量（kg）
	运输碳排放	5.2 节：式（5-5）	运输方式、距离（km）

3. 数据获取与收集

根据本指南第 8 章及该工程数据提供量，采集的运行维护数据见附表 D-11。

案例再生水厂运行维护活动数据　　　　　　　　　　　　　　**附表 D-11**

指标	数值	指标	数值
水处理耗电量	333.34kWh/d	运输方式	中型柴油货车（载重 8t）
PAC 混凝剂	600kg/d	送水扬程	18m
ClO_2 消毒剂	100kg/d	水泵类型及效率	70%
药剂运输距离	20km		

4. 核算结果整理

根据本指南提供的计算方法，核算并整理该给水系统运行维护造成的碳排放，计算统计结果见附表 D-12。

案例再生水厂运行维护碳排放核算结果　　　　　　　　　　　**附表 D-12**

排放项目		排放强度 （kg CO_2-eq/m^3）	年排放量 （t CO_2-eq）	比例
电力消耗	水质净化	0.003	109.5	3.8%
	送水泵站	0.066	2409	83.52%
材料碳排放	药剂	0.01	365	12.65%
	运输	2.5×10^{-5}	0.9	0.03%
合计		0.08kg	2884.4	—

由表 D-12 可知，该再生水系统，水泵站的电力消耗和药剂使用造成的碳排放占总系统的 96.17%，其中送水泵站引起的碳排放最具有代表性。因此，为降低水务系统运行维护的碳排放水平，应大力减少水泵站运行电耗和药剂投加使用量，如使用多组变频

水泵替代单一型号水泵，更加符合用户端用水压力需求与减少压力损耗。水处理药剂可采用多种药剂复合使用，产生更好的消毒等处理效果及采用更少的药剂使用量。

附录 D.5　雨水系统核算案例

以某市中心城区为研究区域，汇水区面积为 $660km^2$，该区域综合径流系数为 0.7，研究区年径流量为 $4.90 \times 10^8 \ m^3$。根据实地监测材料及排水统计年鉴数据模拟计算仅有传统雨水控制设施（即排水管网）的城市雨洪系统运行维护的碳排放量。

1. 确定核算边界

该系统碳排放核算边界自雨水泵站输送到自然水体，所属该过程中因提水过程造成的全部碳排放。时间边界以运行维护阶段为核算对象，主要碳排放活动包括：

（1）化石燃料引起的碳排放：主要指应急城市内涝时使用油泵系统进行快速排除雨水的过程，从而使用化石燃料能源造成的碳排放。

（2）电力引起的碳排放：提水的水泵运行过程中使用电力能源造成的间接碳排放。

2. 确定核算方法

根据该给水工程运行情况，参考本指南核算方法，碳排放计算方法见附表 D-13。

核算方法及需要监测的活动数据　　　　　　　　　　　　　附表 D-13

排放活动	核算方法	检测数据
化石能源消耗	5.6 节：式（5-46） 5.6 节：式（5-47） 5.6 节：式（5-48）	实际提升扬程（m）
		水泵效率（%）等参数
		管径、管长（m）、流速（m/s）等参数
电力消耗	5.6 节：式（5-49）	用电量（kWh/a）
	5.2 节：式（5-2）～式（5-3）	实际提升扬程、沿程损失（m）、水泵效率（%）等参数

3. 数据获取与收集

根据本指南第 8 章及该工程数据提供量，采集的运行维护数据见附表 D-14。

案例雨水系统运行维护活动数据　　　　　　　　　　　　附表 D-14

指标	数值	指标	数值
提水扬程	8m	重力加速度	$9.8m/s^2$
油泵系统水泵效率	60%	雨水密度	$1000kg/m^3$
电泵系统水泵效率	60%	管道长度	5km

4. 核算结果整理

根据本指南提供的计算方法，核算并整理该给水系统运行维护造成的碳排放，包括传统排水管网碳排放、重力流替代压力流碳排放及源头减量下排水管网碳排放。

（1）传统排水管网碳排放

1）全泵排系统

假设区域内采用完全分流制，以计算管网沿程损失的计算为：

$$H_{\mathrm{loss}} = 0.00124 \frac{v^2}{d^{1.33}} L = 0.00124 \times \frac{9}{0.3^{1.33}} \times 5000 = 277\mathrm{m}$$

式中　v——流速，m/s；

　　　　d——输水管道的管径，m；

　　　　L——长度，m。

仅考虑雨水管道处理量，可计算沿程损失为 277m，油泵系统和电泵系统的碳排放量计算如下。

① 油泵系统

假设研究区的油泵系统使用柴油，查询附录 B.1 可知柴油的碳排放因子为 72.59t CO_2/TJ，由此计算油泵系统的碳排放量为 2.58×10^5 t CO_2。

$$W_{\mathrm{r}l} = \sum_{i=1}^{n} \frac{\rho g (H_{\mathrm{net}} + H_{\mathrm{loss}})}{\eta_i} Q = \frac{1000 \times 9.8 \times (8 + 277)}{0.27} \times 4.90 \times 10^8 \times 0.7$$

$$= 3548.1\mathrm{TJ}$$

$$CE_{\mathrm{r}l} = W_{\mathrm{r}l} \cdot EF_{\mathrm{r}l} = 3548.1 \times 72.59 = 2.58 \times 10^5 \, \mathrm{t} \, CO_2$$

② 电泵系统

根据生态环境部 2022 年最新发布的电力排放因子 0.5810kg CO_2/kWh，在无总耗电量数据的情况下，电泵提水等用电过程产生的碳排放量可根据下式计算，为 2.57×10^5 t CO_2。

$$E'_{\mathrm{d}} = \sum_{i=1}^{n} \frac{\rho g (H_{\mathrm{net}} + H_{\mathrm{loss}})}{3.6 \times 10^6 \eta_i} Q = \frac{1000 \times 9.8 \times (8 + 277)}{3.6 \times 10^6 \times 0.6} \times 4.90 \times 10^8 \times 0.7$$

$$= 4.435 \times 10^8 \mathrm{kWh}$$

$$CE_{\mathrm{d}} = E'_{\mathrm{d}} \cdot EF_{\mathrm{d}} = 4.435 \times 10^8 \times 0.5810 = 2.57 \times 10^5 \, \mathrm{t} \, CO_2$$

（2）重力流替代压力流碳排放

在原有传统雨水管网使用电泵系统的基础上，不考虑流速、管径、管长、电泵效率等变化，仅将部分泵排系统改造为重力流系统，见附表 D-15。

不同重力流和压力流比例情景下雨水管网碳排放量 附表 D-15

情景	重力流（%）	压力流（%）	泵站处理量（10^5 m³）	碳排放量（万 t CO_2）
传统排水（全泵排）	0	100	3430	25.95
情景一	10	90	3087	23.35
情景二	20	80	2744	20.76
情景三	30	70	2401	18.16
情景四	40	60	2058	15.57
情景五	50	50	1715	12.97
情景六	60	40	1372	10.38
情景七	70	30	1029	7.78
情景八	80	20	686	5.19
情景九	90	10	343	2.59
情景十（完全重力流）	100	0	0	0

（3）源头减量下排水管网碳排放

源头减量情景可理解为海绵区域改造，增加低影响开发设施，加大城市径流雨水源头减排的刚性约束，优先利用自然排水系统，建设生态排水设施，充分发挥城市绿地、道路、水系等对雨水的吸纳、蓄渗和缓释作用。设计该地区年径流量总量控制率为 85%，综合径流系数为 0.15，流速为 2m/s，其他数据不变，则研究区年径流量降至 $7.35×10^7$ m³，管网沿程损失为：

$$H_{loss} = 0.00124 \frac{v^2}{d^{1.33}} L = 0.00124 × \frac{4}{0.3^{1.33}} × 5000 = 124\text{m}$$

经计算，管网沿程损失为 124m，油泵系统和电泵系统的碳排放量计算如下。

① 油泵系统

$$W_{rl} = \sum_{i=1}^{n} \frac{\rho g(H_{net} + H_{loss})}{\eta_i} Q = \frac{1000 × 9.8 × (8+124)}{0.27} × 7.35 × 10^7$$
$$= 352.1\text{TJ}$$

$$CE_{rl} = W_{rl} · EF_{rl} = 352.1 × 72.59 = 2.56 × 10^4 \text{ t } CO_2$$

② 电泵系统

$$E'_\mathrm{d} = \sum_{i=1}^{n} \frac{\rho g (H_\mathrm{net} + H_\mathrm{loss})}{3.6 \times 10^6 \eta_i} Q = \frac{1000 \times 9.8 \times (8+124)}{3.6 \times 10^6 \times 0.6} \times 7.35 \times 10^7$$

$$= 4.4 \times 10^7 \mathrm{kWh}$$

$$CE_\mathrm{d} = E'_\mathrm{d} \cdot EF_\mathrm{d} = 4.4 \cdot 10^7 \times 0.5810 = 2.56 \times 10^4 \ \mathrm{t\ CO_2}$$

传统排水和源头减量排水管网碳排放量比较见附表 D-16。

传统排水和源头减量排水管网碳排放量比较　　　　　　　　**附表 D-16**

情景	综合径流系数	管径（m）	速度	年径流量（m³）	油泵系统碳排放量（t CO₂）	电泵系统碳排放量（t CO₂）
传统排水	0.7	0.3	3m/s	4.90×10^8	2.59×10^5	2.59×10^5
源头减量	0.15	0.3	2m/s	7.35×10^7	2.56×10^4	2.56×10^4

附录 D.6　行业协会核算案例

某地方污水处理行业协会成员包含 10 处污水处理单位，总污水处理能力达 15 万 m³/d。依据 3.3.3 节之程序，该协会组织成员企业开展碳排放核算工作。

1. 确定核算方案

经协调，该协会成员企业规定核算方案如下：

（1）核算边界：物理边界应覆盖厂区自进水至出水，囊括所有污水/污泥处理构筑物、能源资源消耗及与其他企业物料运输过程中产生的碳排放活动；时间边界仅包括运行维护阶段。主要温室气体排放活动包括：1）污水处理直接排放；2）污泥处理直接排放；3）资源、能源消耗间接排放；

（2）核算方法：各企业依照本指南 5.3 节之规定，选定相应的核算方法；

（3）数据获取与排放因子：各企业依照第 8 章之规定，约定相同的活动数据监测方法，并选择相同的排放因子。

2. 开展核算工作

依据核算方案，在进行工作中，该协会为各成员企业开展了协调与指导工作，包括：

（1）监督数据获取工作，保证活动数据质量；

（2）指导各企业核算工作的进行，确保核算结果的准确性；

（3）核算结束后，统计汇总各企业核算结果，见附表 D-17。

序号	处理工艺	处理规模 (m³/d)	碳排放强度 (kg CO₂-eq/m³)	
			污水处理	污泥处理
1	AAO	10000	0.575	0.206
2	AAO	20000	0.597	0.181
3	OD	20000	0.638	0.111
4	SBR	5000	0.687	0.114
5	AAO	30000	0.564	0.209
6	多段 AO	10000	0.763	0.225
7	OD	10000	0.652	0.121
8	SBR	5000	0.560	0.189
9	SBR	10000	0.552	0.196
10	AAO	30000	0.542	0.211

结合各成员核算结果，采用式（3-4），计算平均碳排放强度为：

$$\overline{CES} = \frac{\sum\limits_{i=1}^{10}(CES_i \cdot Q_i)}{\sum\limits_{i=1}^{10}Q_i} \tag{D-1}$$

式中 $\overline{CES}$ ——该团体平均碳排放强度，kg CO₂-eq/m³；

CES_i ——第 i 座污水处理厂碳排放强度，kg CO₂-eq/m³；

Q_i ——第 i 座污水处理厂日处理水量，m³/d。

可得该协会成员平均碳排放强度约 0.78kg CO₂-eq/m³。

3. 编写工作报告

编写本次核算工作报告，并上报于相关管理部门。

附录 D.7 雨水处理核算案例

城市或区域内雨水处理的碳排放可以下式估算：

$$CE_{CL} = 5693.8P \cdot S \cdot \frac{n[0.1a + (1-a)k] + (1-n) \times [0.1(1-\varphi) + k\varphi]}{3.6 \times 10^6 \eta}$$

$$(H_{net} + H_{loss}) \tag{D-2}$$

式中　CE_{CL}——雨水处理碳排放量，kg CO_2-eq/a；

$\quad\quad\quad P$——年均降雨量，m；

$\quad\quad\quad n$——海绵城市达标面积比例，以小数计；

$\quad\quad\quad S$——建成区区域面积，m^2；

$\quad\quad\quad a$——雨水径流总量控制率，以小数计；

$\quad\quad\quad k$——区域内压力流管网比例，以小数计；

$\quad\quad\quad \varphi$——传统未开发区域的综合雨量径流系数，可参照《海绵城市建设技术

$\quad\quad\quad\quad\quad$指南》中各种下垫面雨量径流系数参考值进行加权平均计算；

$\quad\quad\quad H_{net}$——输水起止点的高程差，m；

$\quad\quad\quad H_{loss}$——管网沿程损失，m，见（5-48）；

$\quad\quad\quad \eta$——泵机效率，%。

设计某建成区面积为 $1400km^2$，达到 85% 径流总量控制率目标的建成区海绵城市达标面积比例为 21%，区域压力流管网比例 k 为 0.2，年均降雨量为 560mm，输水起止点的高程差为 8m，泵站运行效率为 0.9，传统未开发区域的径流系数 φ 为 0.7，沿程损失经计算约为 74.7m，则其雨水处理运行碳排放量以下式计算：

$$CE_{CL} = 5693.8P \cdot S(H_{net} + H_{loss})$$

$$\cdot \frac{n[0.1a + (1-a)k] + (1-n) \times [0.1(1-\varphi) + k\varphi]}{3.6 \times 10^6 \eta}$$

$$= 5693.8 \times 1400 \times 560 \times (8 + 74.7)$$

$$\times \frac{0.21 \times [0.1 \times 0.85 + 0.15 \times 0.2] + 0.79 \times [0.1(1-0.7) + 0.2 \times 0.7]}{3.6 \times 10^3 \times 0.9}$$

$$= 2.08 \text{ 万 t } CO_2\text{-eq}$$

附录 D.8　某市城镇水务系统核算案例

某市地处华北平原，常住人口为 2100 万人。该市目前水资源储量约为 40.11 亿 m^3/a，其中地表水（不含蒸发渗漏）储量 6.65 亿 m^3/a，河流入境水量 6.61 亿 m^3/a，远距离调水 9.34 亿 m^3/a，地下水储量 17.51 亿 m^3/a。依据 3.3.4 节之规定，该市水务管理部门组织辖区内水务行业协会与运营企业开展了碳排放核算

工作。

1. 指导企业核算

该市水务管理部门规定了该市水务系统行业协会与运营企业的核算方案，包括：

（1）确定核算边界：

1）给水系统：自取水泵站经水处理后输送到用户端，详见附录 D.1；

2）再生水系统：自污水处理二级出水计算，经水处理后输送至用户端，详见附录 D.3；

3）污水处理厂：自处理厂进水至出水，包括剩余污泥处理，详见附录 D.4；

4）雨水系统：自雨水泵站输送到自然水体，详见附录 D.5；

（2）统一核算方法：参照本指南第 5 章之规定，详见附录 D.1～附录 D.5 之方法，统一辖区内水务系统行业协会与运营企业的核算方法，确保各核算结果间的可比较性，提高核算结果的指导价值。

（3）监督数据获取：参照本指南第 8 章之规定，统一、规范辖区内水务系统行业协会与运营企业的数据获取方法，增强核算结果的准确性。

（4）整理核算结果：整理、汇总辖区内水务系统行业协会与运营企业的核算结果，进行数据存档。

2. 开展城市核算

该市水务管理部门在辖区内水务系统行业协会与运营企业核算结果的基础上，针对全市水资源及水务行业碳排放情况进行了核算工作。

（1）整理统计该市水资源及水务系统详情，包括：

1）给水系统：该市目前共有给水处理厂 130 座，年生产并输送（包括漏损损失）水量 40.6 亿 m^3/a，其中生活用水量 17.0 亿 m^3/a，环境用水 17.4 亿 m^3/a，工业用水 3.0 亿 m^3/a，农业用水 3.2 亿 m^3/a。水源结构包括地表水 8.5 亿 m^3/a，地下水 13.5 亿 m^3/a，再生水 12.0 亿 m^3/a，长距离输水 6.6 亿 m^3/a。

2）污水系统：该市年污水排放量为 20.0 亿 m^3/a。该市现有混凝土制污水管线总长 1 万 km，最低流速为 0.6m/s。目前共有污水处理厂 70 座，污水处理能力为 700 万 m^3/d，污水处理率为 97%。

3）再生水系统：该市目前共有再生水厂 30 座，使用污水处理厂出水作为水源，可产生 12.0 亿 m^3/a 再生水资源，供应工业、景观或农业用水等。

4）雨水系统：该市多年平均降水量为 585mm，其中汛期（6～9 月）多年平均降水量 488mm，非汛期 97mm。

该市水务系统水资源情况如附图 D-2 所示。

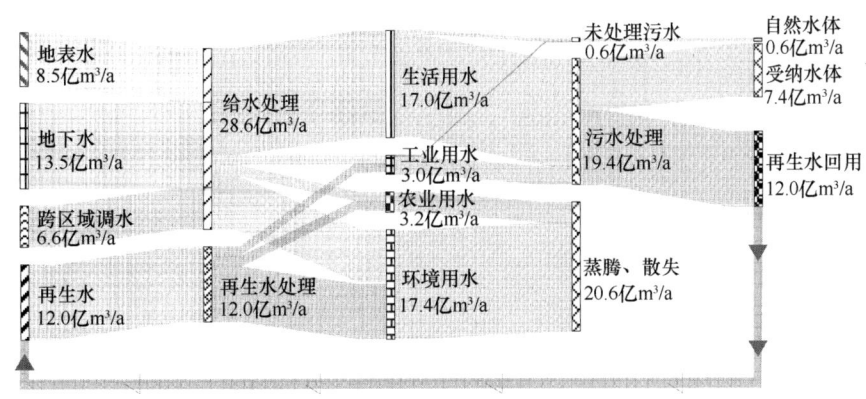

附图 D-2　某市水务系统水资源情况

（2）基于该市水务系统企业碳排放核算结果，选取适宜的平均碳排放强度及详情，见附表 D-18。

某市水务系统核算参数及来源　　　　　　　　　　　附表 D-18

排放位点		平均碳排放强度 （kg CO_2-eq/m^3）	来源
给水 系统	地表水取水	0.147	20 座给水处理厂取水核算结果平均值
	地下水取水	1.159	10 座给水处理厂取水核算结果平均值
	长距离输水	5.93	1 座水利工程调水核算结果
	给水处理	0.038	30 座给水处理厂处理核算结果平均值
	输配水	0.074	5 家供水企业供水核算结果平均值
污水 系统	重力流污水管渠	0.72	1km 污水主干管核算结果平均值
	未处理污水污染	0.427	根据污水水质估算值
	污水、污泥处理	0.8	20 座污水处理厂处理核算结果平均值
	厌氧消化回收	−0.32	20 座污水处理厂核算结果平均值
再生水 系统	再生水处理	0.08	10 座再生水厂处理核算结果平均值
雨水 系统	雨水处理	0.145	1000km² 海绵建成区核算结果值

（3）依据式（3-6）计算了该市水务系统碳排放情况，结果见附表 D-19。

某市水务系统碳排放情况

附表 D-19

排放位点		平均碳排放强度 （kg CO_2-eq/m^3）	水量 （亿 m^3/a）	碳排放量 （万 t CO_2）
给水系统	地表水取水	0.147	8.5	12.50
	地下水取水	1.159	13.5	156.47
	长距离输水	5.93	6.6	391.38
	给水处理	0.038	28.6	10.87
	输配水	0.074	40.6	30.04
污水系统	重力流污水管渠	0.72	20	147.02
	未处理污水污染	0.427	0.59	2.52
	污水、污泥处理	0.8	19.41	155.28
	厌氧消化回收	−0.32	10	−32.00
再生水系统	再生水处理	0.08	12	9.60
雨水系统	雨水处理	0.145	8.23	11.93
合计		—	—	895.61

该市水务系统碳排放核算结果显示，给水系统总碳排放量为 601.26 万 t CO_2-eq，污水系统总碳排放量为 272.82 万 t CO_2-eq，再生水系统总碳排放量为 9.6 万 t CO_2-eq，雨水系统总碳排放量为 11.93 万 t CO_2-eq，总碳排放量为 895.61 万 t CO_2-eq。人均碳排放量约为 426kg CO_2-eq。

3. 减排路径分析

基于该市水务系统碳排放总量及构成分析，该市水务管理部门进行了减排路径分析，包括节水，非传统水源开发，污水、污泥处理回收热能及雨水绿地碳汇 4 个方面。

（1）节水

该市当年人均水资源量约 191m^3/人，属于水资源较为缺乏的地区。根据《城市居民生活用水量标准》GB/T 50331—2002，该市满足居民生活最低用水量应大于 100L/（人·d），居民生活改善所需合理水量应大于 150L/（人·d）条件。当前该市居民生活用水量为 17.0 亿 m^3/a，人均生活用水量约 221.8L/（人·d），远超过上述用水定额。可见，该市具有较大的节水空间。通过节约居民生活用水消耗，可降低给水系统运行负荷，以此降低碳排放总量。此外，通过优化水源结构，优先减少碳排放强度较高的水源使用量，可更加有效地减少碳排放量。根据不同节水政策的情景下，依据式（3-6）估算给水、再生水系统碳排放量，结果如附图 D-3 所示。

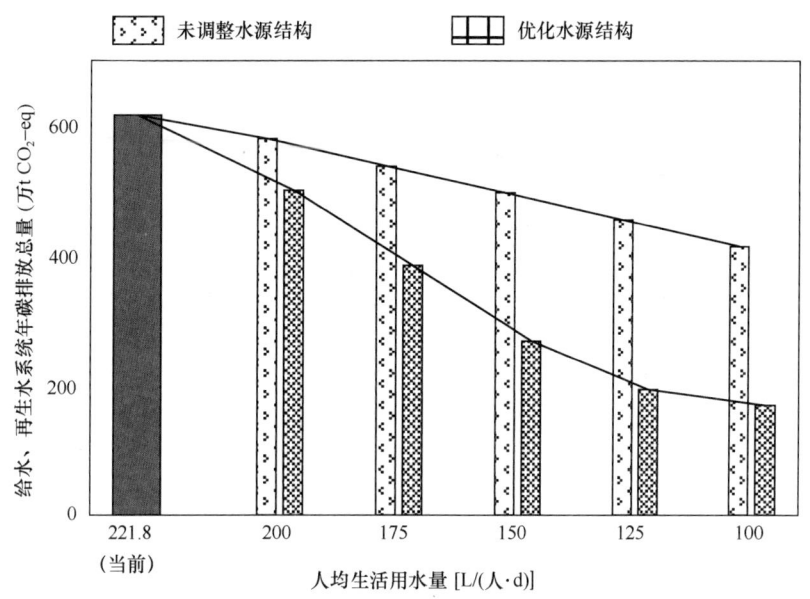

附图 D-3　某市不同节水情景下给水与再生水系统碳排放量变化

由附图 D-3 可见，结合对水源结构的优化后，150L/（人·d）的用水定额较合理，其既能有效减少给水、再生水系统碳排放总量，又可满足居民生活改善的用水需求。

（2）非传统水源开发

长期以来，该市为满足发展需求，长期超量开采、取用当地地表水与地下水资源。该市现有地表水资源储量 6.65 亿 m³，远低于多年平均储量 17.72 亿 m³；地下水资源储量 17.51 亿 m³，较上世纪末减少 52 亿 m³，水位降低 10m。长此以往，水资源将成为限制城市发展的重要短板。该市目前采取了远距离调水与再生水源的方式，获取与补充当地的水资源。

1）再生水回用

再生水指将污水处理厂产出的二级出水在厂内或厂外进行深度处理，进一步提升水质，以进行回收利用。一般来说，再生水不建议用作生活用水，但可作为工业用水、环境用水与农业用水等。目前该市再生水回收率约 62%，增加对再生水的回收与利用，可以缓解该市的水资源紧张的问题。同时可以优化供水水源结构，减少碳排放强度较高的水源使用量，有效地减少碳排放量。根据不同的再生水回用的情景下，依据式（3-6）估算给水、再生水系统碳排放量，结果如附图 D-4 所示。可见，设定再生水回收率 90％时，碳减排效果更为经济高效，更利于达成。

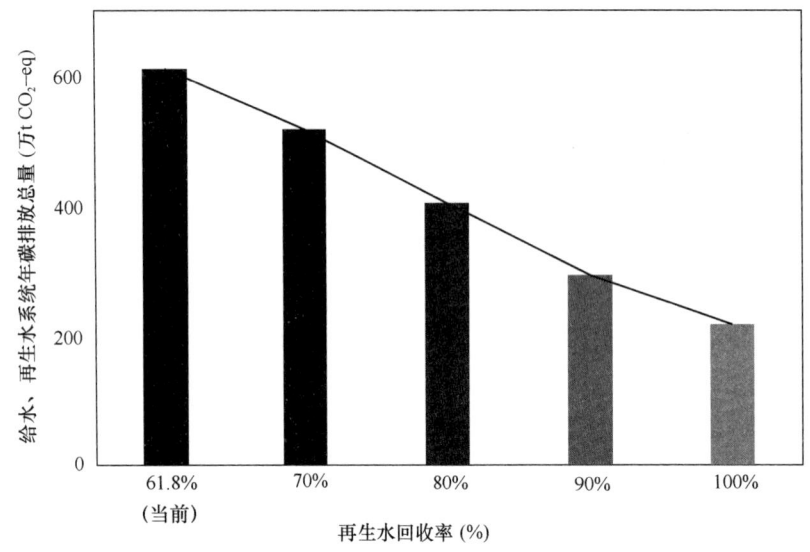

附图 D-4　某市不同再生水回收率下，给水与再生水系统碳排放总量变化

2）雨水回用

雨水回用指通过海绵城市技术设施等进行收集、处理，回用于冲厕用水、绿化浇灌、道路冲洗、景观水体等，可以有效解决现阶段严重的水资源短缺和水环境污染等问题。当前该城市年雨水利用量约为 $3 \times 10^8 \ m^3$，雨水回用率约为 36.45％。通过回用部分雨水减少供水系统和雨水管网系统排水压力，以此降低碳排放量。在不同的雨水回用的情景下，依据式（3-6）估算给水、再生水系统碳排放量，结果如附图 D-5 所示。由附图 D-5 可知随着城市雨水回用率增加，碳减排量增加，该城市在提高雨水回用率方面还有一定空间。

3）海水淡化水源

该市距离最近的海岸线约为 300km，可取用海水资源进行海水淡化处理后补充淡水资源，碳排放强度约 $0.336kg \ CO_2\text{-}eq/m^3$。该市目前尚未使用海水淡化水源，利用海水淡化作为淡水水源，即可缓解当地水资源紧张状况，同时可以优化供水水源结构，减少碳排放强度较高的水源使用量，有效地减少碳排放量。在不同的利用海水淡化水源的情景下，依据式（3-6）估算给水、再生水系统碳排放量，结果如附图 D-6 所示。

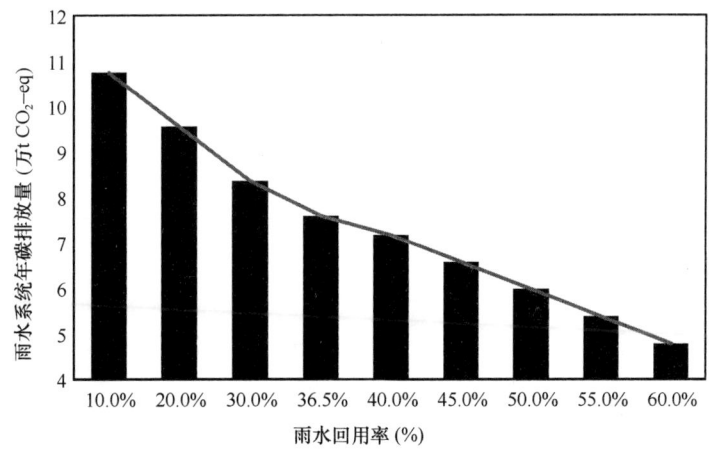

附图 D-5　某市不同雨水回用率下雨水系统碳排放量变化

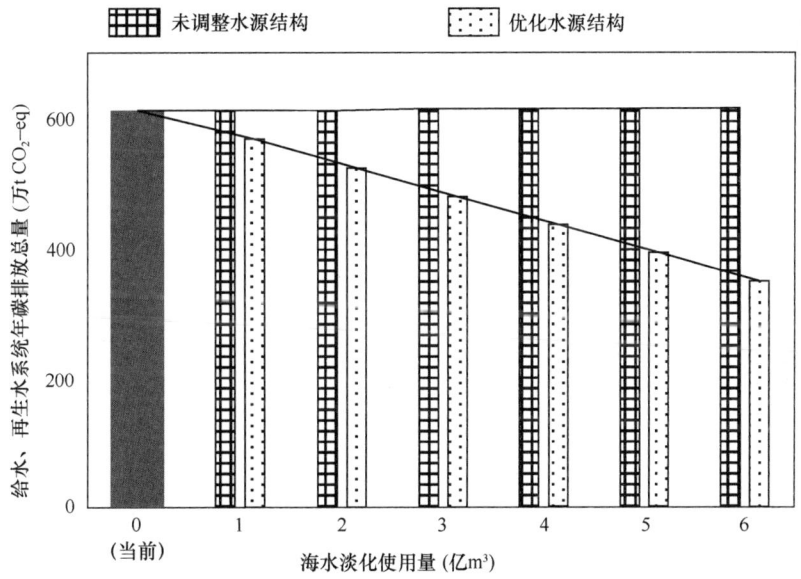

附图 D-6　某市不同海水淡化水源使用量下，给水与再生水系统碳排放量变化

海水淡化处理及输送产生碳排放强度略高于一般地表水取水与处理，尤其当用水城市距离海水资源较远时。因此，应结合城市地理情况，因地制宜地采用海水淡化，且应有的放矢地使用海水淡化水降低碳排放强度更高的水源形式，进行水源结构优化。至 2011 年，我国全国海水淡化能力约 165 万 m^3/d，合 6.02 亿 m^3/a，预计至 2025 年将达到 10.59 亿 m^3/a。

（3）污水、污泥处理回收热能等

生活污水中含有丰富的化学能、热能等能源，通过将其回收利用，可以有效抵消污水、污泥处理过程中产生的碳排放量。

1）厌氧消化

该市污水处理行业产生的剩余污泥约 50％使用厌氧消化处理，其余则直接填埋。若增加其厌氧消化率，并通过热电联产等方式回收能源，则可抵消部分污水处理碳排放量，结果如附图 D-7 所示。

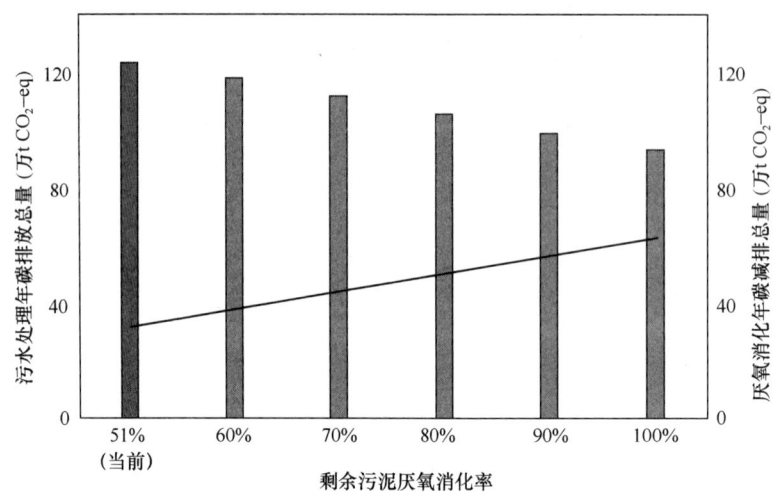

附图 D-7　某市不同厌氧消化率下，污水处理厂碳排放总量变化

2）污水余温热能回收

该市冬季（11 月至次年 2 月）室外平均气温为 0℃，室内供暖标准为 18℃，目前供暖普遍采用天然气供暖，约消耗 6.6m³/(m²·d)，尚未采用污水余温热能进行供热。该市污水处理厂处理出水冬季平均温度约 14℃。回收污水中的热能可就近为周边建筑供暖，从而抵消污水处理产生的碳排放量。采用其他工程污水余温热能回收案例，可产生 1.76kg CO_2-eq/m³ 污水的减排量，则在冬季采用不同污水余温热能回收比例供暖情景下，碳排放量如附图 D-8 所示。

可见，仅冬季采用回收污水余温热能供暖时，最多可抵消近 70％的年总碳排放量，其减排潜能可见一斑。此外，污水余温热能还可用于夏季制冷，因此，其可进一步抵消污水处理产生的碳排放量至“碳中和”，甚至“负碳”状态。

（4）雨水绿地碳汇

绿地中的植物和土壤均有固碳能力，其固碳碳汇参考相关文献采用种植类型—面积法计算。假定设施绿地总面积为 100m²，单位固碳速率范围约为 1.60～2.23kg CO_2-eq/(m²·a)，则海绵城市技术设施绿地碳汇总量约为 160.2～222.6kg CO_2-eq/(100m²·a)。

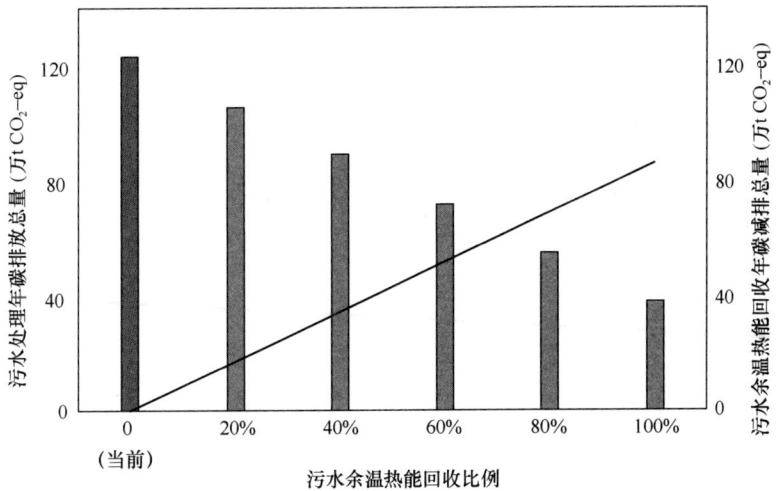

附图 D-8　某市冬季不同回收污水热能供暖比例下，污水处理厂碳排放量变化

附录 E 碳减排技术案例

附录 E.1 污水余温热能回收碳减排潜力核算

某污水处理厂位于上海市，其处理规模为 2.88 万 m³/d，其采用水源热泵技术，以处理净化后的再生水为热源，将提取回收的热能为周边 1800m² 办公区域进行冬季供暖与夏季制冷，以此可替代传统的燃煤或耗电供暖制冷方案，从而减少碳排放量。每年 12 月至次年 2 月进行供热，7 月至 9 月则进行制冷。具体运行方式及参数如附图 E-1 所示。

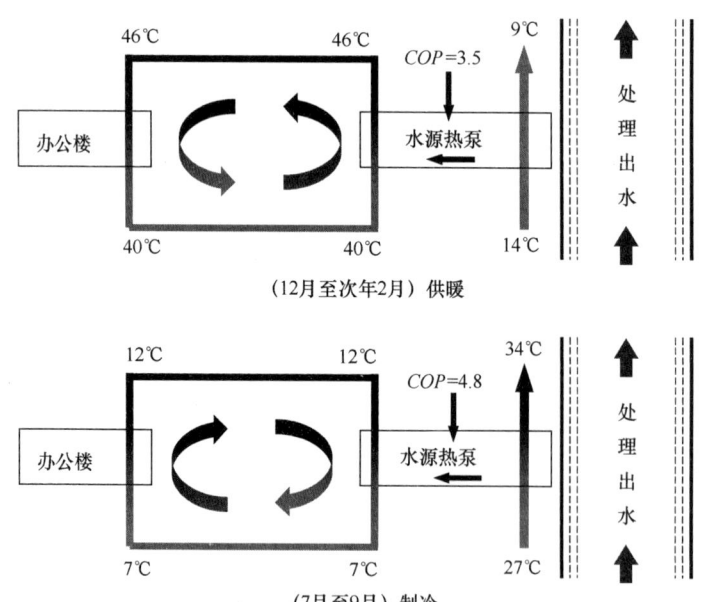

附图 E-1 案例污水处理厂余温热能回收运行参数

案例污水处理厂利用水源热泵进行污水余温热能理论提取潜力计算如下：

$$A = Qc\Delta T \qquad (E-1)$$

182

$$A_{\mathrm{H}} = A + \frac{A}{COP_{\mathrm{H}} - 1} \tag{E-2}$$

$$A_{\mathrm{C}} = A - \frac{A}{COP_{\mathrm{C}} + 1} \tag{E-3}$$

$$M_{\mathrm{CO_2,H}} = A\left(1 + \frac{\delta - \alpha}{\alpha \cdot COP_{\mathrm{H}}}\right) \cdot EF \times 10^{-6} \tag{E-4}$$

$$M_{\mathrm{CO_2,C}} = \frac{A}{COP_{\mathrm{C,A}}} - \frac{A}{COP_{\mathrm{C}}}/3600 \cdot EF_{\mathrm{D}} \tag{E-5}$$

式中　A——自污水提取的热能，kJ；

Q——污水流量，$\mathrm{m^3}$；

c——水比热容，$4.2 \times 10^3 \mathrm{kJ/m^3}$；

ΔT——提取热能温差，℃；

A_{H}——从污水中提取热能用以供热时，可获取的理论热量，kJ；

COP_{H}——供热时水源热泵能效比，通常为 1.77～10.63，一般取 3.5；

A_{C}——向污水中转移热能用于制冷时，可获取的制冷量，kJ；

COP_{C}——制冷时水源热泵能效比，通常为 2.23～5.35，一般取 4.8；

$M_{\mathrm{CO_2,H}}$——向外供热时可产生的碳减排量，kg CO_2-eq；

α——燃煤锅炉房供热能源效率，55%～70%，一般取 60%；

δ——燃煤火力发电能源效率，我国平均水平为 33%；

EF——煤炭燃烧排放因子，96.10kg CO_2-eq/GJ；

$M_{\mathrm{CO_2,C}}$——制冷时可产生的碳减排量，kg CO_2-eq；

$COP_{\mathrm{C,A}}$——空气源热泵制冷能效比，取 3.4；

EF_{D}——消耗电能电力排放因子，kg CO_2-eq/kWh；

3600——1kWh＝3600kJ。

计算可得，案例污水处理厂在冬季理论可提取热能 604.8GJ/d，可产生 50.65t CO_2/d 碳减排量，减排强度 1.76kg CO_2-eq/$\mathrm{m^3}$ 污水，冬季共可产生 4558.4t CO_2-eq 的碳减排量；在夏季，其理论可抽取冷能 846.72GJ/d，可产生 13.43t CO_2-eq/d 碳减排量，减排强度 0.47kg CO_2-eq/$\mathrm{m^3}$ 污水，夏季共可产生 1208.6t CO_2-eq 的碳减排量。在实际运行中，由于管道传输热量损失，供热/冷区域配送能量需多次热泵转换等情况，实际年回收能量为 15582GJ，年减碳量约 1109t CO_2-eq，减少标煤消耗量 423.28t。

可见，污水余温热能进行供热的价值高于制冷。这是当前供热制冷方式决定的。一方面，冬季室内外温差较大，使用热泵方式获取热能时其能效比较低，因而一般采用燃煤或电能直接转化的方式获取热能。而夏季室内外温差相对较小，使用空气源热泵进行制冷能耗比更高，其单位能量能耗更低。因此，提取余温热能进行供热时碳减排效果更优。

由此推算，若将其推广投入全社会应用，根据国家统计数据，2020 年我国共产生 571.4 亿 t 生活污水，则其供热期（以 3 个月计）每年可产生约 3.0×10^8 GJ 的热量，相当于减少约 2514.16 万 t CO_2-eq 排放量；制冷期（以 3 个月计）可产生 4.2×10^8 GJ 冷量，相当于减少约 671.395 万 t CO_2-eq 排放量。

在经济效益方面，污水源热泵也具有一定的优势。以青岛市某污水处理厂污水源热泵供热项目为例。该污水处理厂于每年冬季采暖期约 140d 内，为周边约 4 万 m^2 的居民住宅供热。该厂处理规模为 20 万 m^3/d，冬季处理出水平均水温为 13℃，经热泵换热后热水平均水温为 46℃，随后输送至用户末端。该套污水源热泵系统机组、泵房及管网等初期投资共 1480 万元，与其相比，传统燃煤锅炉系统初期投资则较低，需 1160 万元。但在供热运行中，污水源热泵年实际运行费用约 42 万元，而燃煤机组实际年运行费用约 130 万元。可见，虽然污水源热泵机组初期投资较高，但运行成本较低。约 4 年后与燃煤机组的各类投入成本相当，自此后可获得更高的收入。

可见，污水源热泵工程落地过程面临着许多问题，如初期投资成本较高，不利于资金筹措、贷款等经济活动；污水处理厂运营的污水源热泵接入市政供热管网缺乏政策支撑，回收热能无处可去；由供热部门运营的污水源热泵，则其实际产生的热回收量及碳减排工作成果归属等。因此，污水源热泵工程还需要来自社会面的更多认同与努力。

附录 E.2 污水处理厂光伏发电碳减排潜力核算

2013 年国务院发布《国务院关于促进光伏产业健康发展的若干意见》（国发〔2013〕24 号），明确了大力开拓分布式光伏发电市场的行动计划，充分开发不同行业单位主体建筑和构筑物的表面空间，支持安装小型分布式光伏发电系统。加之经济补贴引导，我国分布式光伏发电装机量有了很大的上升。对于污水处理厂，构筑物多，占地面积大，且一般位于城市市区外围，无高楼遮挡、光照时间优良，具备安装光伏发电设备的硬件条件。自 2014 年国内污水处理厂开启光伏发电的先河开始，目前共有 22 家水厂（20 家污水处理厂＋2 家供水厂）完成了光伏板的安装并开始发电自用。为清晰展示光伏发电技术在城镇水务系统碳减排中的潜力，本节整理了我国目前可检索到的应用项目，从碳减排潜力和投资回报率角度总结了城镇水系统引入光伏板进行碳减排的贡献。

由附表 E-1 所示，目前应用光伏发电的案例污水处理厂处理规模在 5 万～170 万 m^3/d 之间，安装光伏板的位置分布于二沉池和生物池顶空，年发电量在 60 万～2200 万 kWh 之间。由于未检索到案例污水处理厂的占地面积，考虑处理规模和占地面积的相关关系，可将年发电量归一化至单位处理水量的发电量。结果显示，我国污水处理厂应用光伏板的发电潜力约为 21.312kWh/m^3（附图 E-2），据此可应用于其他污水处理厂进行光伏发电项目的调研核算。结合案例污水处理厂的电耗数据，光伏发电量可覆盖约 4％～37％的耗电量（附图 E-3），平均值约为 15％。而从所补偿的碳排放量来看，光伏发电通过节省外部电力输入消耗可平均减少约 9.7％碳排放量（基于污水处理厂电力消耗、直接 CH_4 和 CO_2 排放量和计算，暂不包括化学药剂消耗、化石碳排放量和运输排放，附图 E-4）。其中，王小郢污水处理厂通过光伏发电可实现约 25.8％的碳减排量，而个别污水处理厂应用光伏技术只能减少 1.7％的碳排放量。从投资回报率（每年的收益回报）来看，所有污水处理厂光伏技术的应用均可实现电力的下降和成本支出的减少，可实现约 1.3％～7.9％的投资回报率。

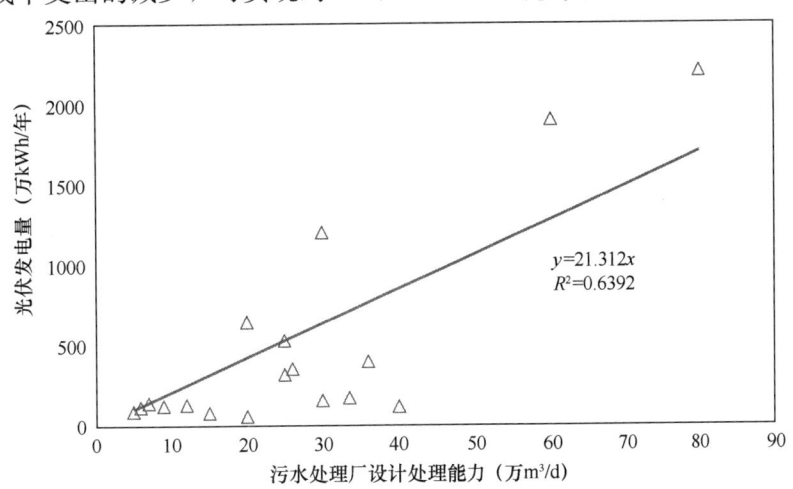

附图 E-2　污水处理厂可装设光伏发电设备发电量与污水处理能力相关性

（数据由附表 E-1 中 1～18 案例整理得到）

　　另外，附表 E-1 中最后两个案例是给水处理厂应用光伏板的情况，可反哺约 17%～19% 的能耗。需要强调的是，由附图 E-2 可知，污水处理厂安装光伏板发电强度（单位水量的发电量）与污水处理厂的规模有一定的关系，附图 E-2 显示，相对规模较小的污水处理厂发电强度明显低于均值，考虑小规模污水处理厂的耗电强度往往高于均值，因此，光伏板的应用应考虑碳减排和投资的关系。

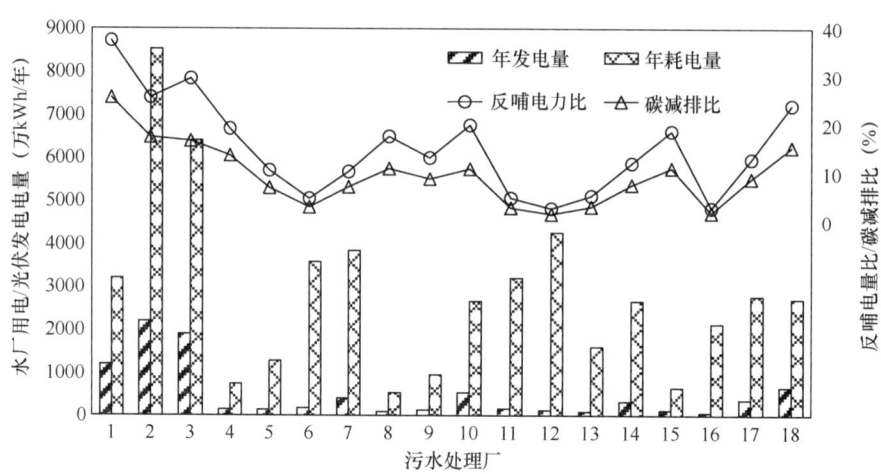

附图 E-3　案例污水处理厂年光伏发电量、总耗电量、反哺电力比与碳减排比

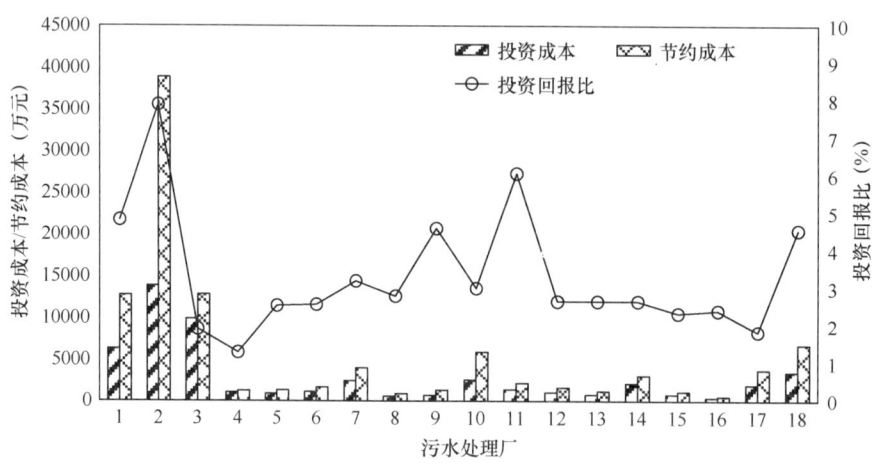

附图 E-4　案例污水处理厂光伏发电设备投资成本、节约成本与投资回报比

污水处理厂光伏发电案例

序号	设计处理能力 (万 m³/d)	光伏板面积 (万 m²)	发电量 (万 kWh/a)	耗电量 (万 kWh/a)	投资成本[1] (万元)	节约成本[2] (万元)	碳减排量 (万 t CO₂-eq)	碳排放总量[3] (万 t CO₂-eq)	碳减排潜力 (%)
1	30	11	1200.00	3197.40	6285.6	12686.40	237630.00	922611.41	25.76
2	80	18.17	2200.00	8526.40	13809.4632	38880.54	472285.00	2691874.27	17.54
3	60	15	1900.00	6394.80	9894	12763.50	407882.50	2433636.95	16.76
4	7	2.26	143.82	746.06	1047.6	1245.25	30874.56	224287.74	13.76
5	12	1	136.73	1278.96	878.82	1300.99	29352.51	412473.25	7.12
6	33.5	—	174.92	3570.43	1112.4	1653.08	34638.53	1100128.66	3.15
7	36	2.42	400.00	3836.88	2421.12	3955.88	85870.00	1173975.53	7.31
8	5	—	94.24	532.90	582	894.74	18661.88	168613.21	11.07
9	9	1	127.00	959.22	672.21	1317.88	25149.18	281091.04	8.95
10	25	—	532.90	2664.50	2554.98	5896.81	105527.52	957579.10	11.02
11	30	—	160.14	3197.40	1396.8	2164.31	31711.72	1067142.38	2.97
12	40	—	120.10	4263.20	1047.6	1623.12	23782.80	1422856.51	1.67
13	15	—	86.75	1598.70	756.6	1172.50	17178.67	539572.47	3.18
14	25	—	323.53	2664.50	2121.39	3036.48	69453.80	903468.30	7.69
15	6	—	119.84	639.48	774.06	1120.61	23731.31	212931.62	11.14
16	20	—	62.25	2131.60	407.4	533.04	13363.51	677797.52	1.97
17	26	3.28	359.14	2771.08	1908.96	3718.76	71118.69	790592.56	8.99
18	20	5.94	649.86	2700.00	3454.17	6729.13	128688.52	833643.56	15.44
19	170	—	1284.00	18118.60	7886.1	12529.50	254264.10	—	—
20	15	—	85.70	1598.70	0	1409.76	20180.21	—	—
21	20	—	411.41	2117.00	2677.2	3538.17	88319.44	—	—
22	100	4.4	511.10	3000.00	2677.2	5331.737	101210.58	—	—

[1] 考虑了成本投资与运行维护投资（运维投资按照成本投资的 20% 计算）；
[2] 考虑了政府光伏发电自用补贴；
[3] 主要考虑了污水处理厂耗电碳排放、污水处理厂 CH₄ 和 N₂O 直接碳排放总量；
[4] 1～20 案例为污水处理厂，21～22 为给水处理厂。

附录 E.3　室外真空排水系统与重力排水系统碳排放比较

某村位于我国西北地区，面积约 86hm²，人口规模为 1137 人，排水管网运行参数见附表 E-2。该村地处重要文物遗址附近，应文物保护需要，对于新敷设在街道路面下管网，要求挖深不应超过 30cm。若采用传统重力排水系统，管坡只能尽可能随路坡并采用最小坡度，导致管内水力条件较差，管道易堵塞，同时带来垫高路面，增加财政负担等问题。而室外真空排水系统可不受地形限制、不易堵塞，且无需较高挖深，适用于文物保护区等地区。经比较后该村采用室外真空排水系统。

案例排水管网运行参数　　　　　　　　　　　附表 E-2

项目	数值	项目	数值
服务人口	600 人	管线长度	1000m
污水流量	350m³/d	管内温度	10℃
污水 COD	200mg/L	TN	30mg/L
重力排水系统			
管径	DN 200	坡度	0.003
流速	0.65m/s	水力停留时间	26min
日耗电量	1.5kWh/d		
真空排水系统			
管径	DN 150	流速	4m/s
水力停留时间	4.2min	日耗电量	3kWh/d

室外真空排水系统 CH_4 排放强度计算公式如下，用于计算压力流：

$$CES_{CH_4} = \gamma \frac{A}{V} HRT \times 28 \qquad \text{(E-6)}$$

式中　CES_{CH_4}——污水管渠 CH_4 碳排放强度，kg CO_2-eq/m³；

　　　γ——比 CH_4 释放速率，kg/(m²·h)，经最小二乘和拟合算法进行经验推导求出，取 5.24×10^{-5} kg/(m²·h)；

　　　$\dfrac{A}{V}$——管道内表面积与体积比，m⁻¹；

　　　HRT——污水在下水道中的停留时间，h；

　　　28——CH_4 的全球变暖潜能值，常数，28kg CO_2-eq/kg CH_4。

根据本指南提供的计算方法，核算并比较该村采用两种排水系统运行维护产生的碳排放量，计算统计结果见附表 E-3。

某村两种排水系统运行维护碳排放核算结果比较　　　　　附表 E-3

排放活动		核算方法	排放强度 ($kg\ CO_2$-eq/m^3)	日排放量 ($kg\ CO_2$-eq/d)	比例
重力排水系统					
直接排放	化石源 CO_2	式 (5-10~5-11)	3.8×10^{-5}	0.01	0.22%
	CH_4	式 (5-14~5-16)	0.007	2.43	39.91%
	N_2O	式 (5-18~5-19)	0.0066	2.29	37.63%
间接排放	电力消耗	式 (5-2)	0.0039	1.35	22.24%
总计		—	0.017	6.09	—
室外真空排水系统					
直接排放	化石源 CO_2	式 (5-10~5-11)	6.2×10^{-6}	0.01	0.05%
	CH_4	式 (E-6)	0.0027	0.94	21.94%
	N_2O	式 (5-18~5-19)	0.0019	0.66	15.44%
间接排放	电力消耗	式 (5-2)	0.0077	2.67	62.57%
总计		—	0.0123	4.28	—

由核算结果可知，重力排水系统碳排放来源主要为直接排放（77.76%），室外真空排水系统碳排放来源主要为电力消耗产生的间接排放（62.57%）。即便室外真空排水系统电力消耗大于重力排水系统，但其温室气体产生的直接碳排放量远小于后者，因而室外真空排水系统碳排放量相较于传统重力排水更低，可以作为污水管渠设施的一种碳减排技术手段。

除碳减排方面的先进潜能外，真空排水系统在其他方面也具有一定的优势。针对重力排水系统与真空排水系统，分别对区域规划、技术、环境、社会与经济投资方面进行综合评价与评分，评价内容包括：

（1）区域规范方面主要考虑该地区地形结构、土地利用情况、交通问题等，同时优先保护考古发现。

（2）技术方面主要包括施工阶段的灵活性、系统性能（考虑未来可能发生的变化）、过程复杂性、专业知识要求、操作安全性。

（3）环境方面包括该地区的水位地质情况与当地生态系统的契合度等。

（4）社会层面包含公众接受度、公共卫生问题以及用户在系统运行期间的参与度。

（5）经济标准包含安装成本、运行成本以及维护成本。

评价结果见附表 E-4。

重力排水系统与真空排水系统综合评价结果　　　　　　　附表 E-4

标准		传统重力排水系统	室外真空排水系统
非经济标准（以分数计）	区域规划	26.03	31.35
	技术	22.08	25.42
	环境	24.1	30.31
	社会	16.6	22.7
	非经济标准总分	88.81	109.78
经济标准（以欧元计）	安装成本	5.38×10^6	3.66×10^6
	运行成本	1.65×10^5	2.92×10^4
	维护成本	7.41×10^4	3.88×10^4
综合总分		0.79	1.00

室外真空排水系统评价优于重力排水系统，原因包括：1）该地区地形平坦，适合负压输送；2）室外真空排水系统各项成本均远低于传统重力排水系统；3）该地仍存在很多未被考古学家发掘的古代文物，因此，需要在挖掘施工的同时保证灵活处理，而室外真空排水系统在面对地下存在复杂情况时，可以对障碍物周围重新进行管道设计与施工，且不需深层发掘，故最适合该地区的情况。

附录 F　报告格式模板

××企业碳排放核算报告

报告主体（盖章）：

报告年度：

编制日期：　　年　月　日

报告单位信息 附表 F-1

企业名称					
所属行业		行业代码		组织机构代码	
企业注册地址					
企业办公地址					
法定代表人		电话		传真	
通信地址				邮编	
单位分管领导		电话		传真	
单位碳排放管理部门名称					
负责人		电话		传真	
电子邮箱					
联系人		电话		传真	
电子邮箱					
通信地址				邮编	
企业主要产品或服务					
核算和报告边界	新增或规模扩大的排放设施（相比上一年度）：				
	减少的或规模缩小的排放设施（相比上一年度）：				

报告主体＿×× ＿年碳排放量报告　　　　　　附表 F-2

范围（IPCC（2019）	类型（ISO14064—1:2018）	碳排放活动	碳排放量（t CO$_2$-eq）	年总碳排放量（t CO$_2$-eq）
归属或受控于核算主体自身活动导致的直接温室气体排放	直接温室气体排放			
		……	……	
	碳汇			
		……	……	
核算主体由于购买电力、蒸汽、热/冷源导致的间接温室气体排放	间接温室气体排放——电力等能源			
		……	……	
其他因核算主体活动导致的但在其核算边界外导致的间接温室气体排放	间接温室气体排放——运输			
	间接温室气体排放——材料投入和服务			
		……	……	
	间接温室气体排放——资产处置			
		……	……	
	间接温室气体排放——其他			
		……	……	
总计				
单位水量碳排放（t CO$_2$-eq/m^3）				

193

污水处理直接排放量报告

附表 F-3

月份	水量（m³）	污水处理			排放因子			温室气体排放量				污泥处理（处理方式：　）		排放因子			温室气体排放量			
		水质指标			化石源CO_2比例	N_2O	CH_4	化石源CO_2	N_2O	CH_4	总计	污泥指标		污泥化石源CO_2比例	N_2O	CH_4	化石源CO_2	N_2O	CH_4	总计
		BOD_5	TN	TOC								污泥总量	污泥TOC							

194

间接排放材料统计表　　　　　　　　　　　　　　　　　　附表 F-4

A	B	C	D	E
序号	材料种类	年消耗量 (t，万 m³，MWh)	排放因子 (kg CO₂/t)	间接碳排放量 (t CO₂)

附录 G 数 字 资 源

1. 书中部分彩图

1

2. 给水系统计算表

2

3. 污水处理厂计算表

3

4. 污水管渠设施计算表

4

5. 再生水系统计算表

5

6. 雨水系统计算表

6

7. 给水管道建设阶段速查表

7

8. 给水处理厂建设阶段速查表

8

9. 污水管道建设阶段速查表

9

10. 污水处理厂建设阶段速查表

10

11. 附录 F 报告格式模板

11

12. 政府、协会等公开文件

12

参 考 文 献

［1］ 中华人民共和国住房和城乡建设部. 建筑碳排放计算标准：GB/T 5166—2019［S］. 北京：中国建筑工业出版社，2019.

［2］ 中华人民共和国国家质量监督检验检疫总局，中国国家标准化管理委员会. 煤中碳和氢的测定方法：GB/T 476—2008［S］. 北京：中国标准出版社，2009.

［3］ 中华人民共和国住房和城乡建设部. 城镇污水水质标准检验方法：CJ/T 51—2018［S］. 北京：中国标准出版社，2018.

［4］ 住房和城乡建设部. 海绵城市建设技术指南［M］. 北京：中国建筑工业出版社，2015.

［5］ 发展改革委员会办公厅. 省级温室气体清单编制指南（试行）（发改办气候〔2011〕1041 号）. 2011-5.

［6］ 国家统计局能源统计司. 中国能源统计年鉴 2011［M］. 北京：中国统计出版社，2011-3.

［7］ Intergovernmental Panel on Climate Change. 2013 Supplement to the 2006 IPCC Guidelines for National Greenhouse Gas Inventories：Wetlands［EB/OL］（2013）. https：//www. ipcc-nggip. iges. or. jp/public/wetlands/index. html.

［8］ 中华人民共和国生态环境部. 2019 年度减排项目中国区域电网基准线排放因子［EB/OL］. （2020-12-29）. https：//www. mee. gov. cn/ywgz/ydqhbh/wsqtkz/202012/t20201229 _ 815386. shtml.

［9］ 世界资源研究所. 温室气体核算体系［M］. 北京：经济科学出版社，2012-11.

［10］ International Organization for Standardization. Greenhouse gases—Part 1：Specification with guidance at the organization level for quantification and reporting of greenhouse gas emissions and removals(ISO 14064-1：2018)［M］. Sydney：Australia Standars，2018-12.

［11］ Intergovernmental Panel on Climate Change. 2019 Refinement to the 2006 IPCC Guidenlines for National Greenhouse Gas Inventories［EB/OL］. （2019-15）. https：//www. ipcc-nggip. iges. or. jp/public/2019rf/index. html.

［12］ 亿科环境科技. CLCD 中国生命周期基础数据库［DB/OL］（2011）. www. ike-global. com，2011.

［13］ International Water Association. Evaluation of Greenhouse Gas Emissions from Septic Systems

[M]. London：International Water Association Publishing，2011.

[14] 国家发展和改革委员会能源研究所. 中国温室气体清单研究[M]. 北京：中国环境科学出版社，2007-8.

[15] 蔡博峰，高庆先，李中华，等. 中国污水处理厂甲烷排放研究 [J]. 中国环境科学，2015，35(12)：3810-3816.

[16] 崔朋飞. 基于全生命周期碳排放测算的建筑业分阶段减排策略研究[D]. 太原：太原理工大学，2019.

[17] 王幼松，黄旭辉，闫辉. 地铁盾构区间物化阶段碳排放计量分析[J]. 土木工程与管理学报，2019，36(03)：12-18，47.

[18] 俞海勇，王琼，张贺，於林锋. 基于全寿命周期的预拌混凝土碳排放计算模型研究[J]. 粉煤灰，2011，23(06)：42-46.

[19] ABOOBAKAR A，CARTMELL E，STEPHENSON T，et al. Nitrous oxide emissions and dissolved oxygen profiling in a full-scale nitrifying activated sludge treatment plant [J]. Water research，2013，47(2)：524-534.

[20] AHN J H，KIM S，PARK H，et al. N_2O emissions from activated sludge processes，2008-2009：Results of a national monitoring survey in theunited states [J]. Environmental science and technology，2010，44(12)：4505-4511.

[21] Alexis Awaitey. Carbon footprint of finnish wastewater treatment Plants[D]. Finland：Aalto University，2020.

[22] BAO Z，SUN S，SUN D. Assessment of greenhouse gas emission from A/O and SBR wastewater treatment plants in beijing，China [J]. International biodeterioration and biodegradation，2016，108：108-114.

[23] BELLANDI G，PORRO J，SENESI E，et al. Multi-point monitoring of nitrous oxide emissions in three full-scale conventional activated sludge tanks in Europe[J]. Water science and technology，2018，77(4)：880-890.

[24] BLOMBERG K，KOSSE P，MIKOLA A，et al. Development of an extended ASM3 model for predicting the nitrous oxide emissions in a full-scale wastewater treatment plant [J]. Environmental science and technology，2018，52(10)：5803-5811.

[25] BROTTO A C，KLIGERMAN D，PICCOLI A，et al. Nitrous oxide emissions from an activated sludge wastewater treatment plant with prolonged aeration process-A preliminary study [J]. Química nova，2009，33(3)：618-623.

[26] CASTRO-BARROS C M，DAELMAN M R J，MAMPAEY K E，et al. Effect of aeration regime on N_2O emission from partial nitrition-anammox in a full-scale granular sludge reactor [J]. Water

Research，2015，68：793-803.

[27] CHEN X，MIELCZAREK A T，HABICHT K，et al. Assessment of Full-Scale N₂O Emission characteristics and testing of control concepts in an activated sludge wastewater treatment plant with alternating aerobic and anoxic phases[J]. Environmental science and technology，2019，53(21)：12485-12494.

[28] CZEPIEL P M，CRLLL P M，HARRLSS R C，Methane emissions from municipal wastewater treatment processes [J]. Environmental science and technology，1993，27：2472-2477.

[29] CZEPIEL P，CRILL P，HARRISS R. Nitrous oxide emissions from municipal wastewater treatment [J]. Environmental science & technology，1995，29(9)，2352-2356.

[30] DAELMAN M R J，VAN VOORTHUIZEN E M，VAN DONGEN L G J M，et al. Methane and nitrous oxide emissions from municipal wastewater treatment-Results from a long-term study [J]. Water science and technology，2013，67(10)：2350-2355.

[31] DAELMAN M R J，VAN VOORTHUIZEN E M，VAN DONGEN U G J M，et al. Seasonal and diurnal variability of N₂O emissions from a full-scale municipal wastewater treatment plant [J]. Science of the total environment，2015，536：1-11.

[32] DELRE A，MØNSTER J，SCHEUTZ C. Greenhouse gas emission quantification from wastewater treatment plants，using a tracer gas dispersion method [J]. Science of the total environment，2017，605-606：258-268.

[33] DE MELLO W Z，RIBEIRO R P，BROTTO A C，et al. Nitrous oxide emissions from an intermittent aeration activated sludge system of an urban wastewater treatment plant [J]. Química nova，2013，36(1)：16-20.

[34] FOLEY J，DE HAAS D，YUAN Z，et al. Nitrous oxide generation in full-scale biological nutrient removal wastewater treatment plants [J]. Water research，2010，44(3)：831-844.

[35] GRUBER W，VILLEZ K，KIPF M，et al. N₂O emission in full-scale wastewater treatment：proposing a refined monitoring strategy [J]. Science of the total environment，2020，699.

[36] HWANG K L，BANG C H，ZOH K D. Characteristics of methane and nitrous oxide emissions from the wastewater treatment plant [J]. Bioresource technology，2016，214：881-884.

[37] Incopa. Life cycle analysis of leading coagulants：executive summary[R]. Karlsruhe：karlsruhe Institute of Technology，2014.

[38] IPCC. Emission factor database[DB/OL]. https：//www. ipcc-nggip. iges. or. jp/EFDB/main. php，2006.

[39] JOHNSTON A H，KARANFIL T. Calculating the greenhouse gas emissions of waterutilities[J]. Journal American water works association，2013，105(7)：E363-E371.

［40］ KIMOCHI Y，INAMORI Y，MIZUOCHI M，et al． Nitrogen removal and N_2O emission in a full-scale domestic wastewater treatment plant with intermittent aeration ［J］． Journal of fermentation and bioengineering，1998，86(2)，202-206．

［41］ KYUNG D，KIM M，CHANG J，et al． Estimation of greenhouse gas emissions from a hybrid wastewater treatment plant ［J］． Journal of cleaner production，2015，95：117-123．

［42］ LIU Y，CHENG X，LUN X，et al． CH_4 emission and conversion from A_2O and SBR processes in full-scale wastewater treatment plants ［J］． Journal of environmental sciences (China)，2014，26 (1)：224-230．

［43］ MASUDA S，SANO I，HOJO T，et al． The comparison of greenhouse gas emissions in sewage treatment plants with different treatment processes ［J］． Chemosphere，2018，193：581-590．

［44］ MASUDA S，SUZUKI S，SANO I，et al． The seasonal variation of emission of greenhouse gases from a full-scale sewage treatment plant ［J］． Chemosphere，2015，140：167-173．

［45］ NI B J，PAN Y，VAN DEN AKKER B，et al． Full-Scale Modeling explaining large spatial variations of nitrous oxide fluxes in a step-feed plug-flow wastewater treatment reactor ［J］． Environmental science and technology，2015，49(15)：9176-9184．

［46］ NOYOLA A，PAREDES M G，GÜERECA L P，et al． Methane correction factors for estimating emissions from aerobic wastewater treatment facilities based on field data in Mexico and on literature review ［J］． Science of the total environment，2018，639：84-91．

［47］ PARRAVICINI V，VALKOVA T，HASLINGER J，et al． Reduktionspotential bei den lachgasemissionen aus kläranlagen durch optimierung des betriebes ［M］． Wien：Bundesministerium Für Land-und Forstwirtschaft，Umwelt und Wasserwirtschaft，2015．

［48］ REN Y G，WANG J H，LI H F，et al． Nitrous oxide and methane emissions from different treatment processes in full-scale municipal wastewater treatment plants ［J］． Environmental technology (United Kingdom)，2013，34(21)：2917-2927．

［49］ RIBERA-GUARDIA A，BOSCH L，COROMINAS L，et al． Nitrous oxide and methane emissions from a plug-flow full-scale bioreactor and assessment of its carbon footprint ［J］． Journal of cleaner production，2019，212：162-172．

［50］ RODRIGUEZ-CABALLERO A，AYMERICH I，MARQUES R，et al． Minimizing N_2O emissions and carbon footprint on a full-scale activated sludge sequencing batch reactor ［J］． Water research，2015，71：1-10．

［51］ RODRIGUEZ-CABALLERO A，AYMERICH I，POCH M，et al． Evaluation of process conditions triggering emissions of green-house gases from a biological wastewater treatment system ［J］． Science of the total environment，2014，493：384-391．

[52] SPINELLI M, EUSEBI A L, VASILAKI V, et al. Critical analyses of nitrous oxide emissions in a full scale activated sludge system treating low carbon-to-nitrogen ratio wastewater [J]. Journal of cleaner production, 2018, 190: 517-524.

[53] SUN S, BAO Z, LI R, et al. Reduction and prediction of N_2O emission from an Anoxic/Oxic wastewater treatment plant upon DO control and model simulation [J]. Bioresource technology, 2017, 244: 800-809.

[54] SUN S, CHENG X, LI S, et al. N_2O emission from full-scale urban wastewater treatment plants: a comparison between A_2O and SBR [J]. Water science and Technology, 2013, 67(9): 1887-1893.

[55] SUN S, CHENG X, SUN D. Emission of N_2O from a full-scale sequencing batch reactor wastewater treatment plant: characteristics and influencing factors [J]. International biodeterioration and biodegradation, 2013, 85: 545-549.

[56] TUMENDELGER A, ALSHBOUL Z, LORKE A. Methane and nitrous oxide emission from different treatment units of municipal wastewater treatment plants in Southwest Germany [J]. Plos one, 2019, 14(1).

[57] VALKOVA T, PARRAVICINI V, SARACEVIC E, et al. A method to estimate the direct nitrous oxide emissions of municipal wastewater treatment plants based on the degree of nitrogen removal [J]. Journal of environmental management, 2020.

[58] VIEIRA A, GALINHA C F, OEHMEN A, et al. The link between nitrous oxide emissions, microbial community profile and function from three full-scale WWTPs [J]. Science of the total environment, 2019, 651: 2460-2472.

[59] WANG J, ZHANG J, WANG J, et al. Nitrous oxide emissions from a typical northern Chinese municipal wastewater treatment plant [J]. Desalination and water treatment, 2011, 32 (1-3): 145-152.

[60] WANG J, ZHANG J, XIE H, et al. Methane emissions from a full-scale A/A/O wastewater treatment plant [J]. Bioresource technology, 2011, 102(9): 5479-5485.

[61] WANG Y, LIN X, ZHOU D, et al. Nitric oxide and nitrous oxide emissions from a full-scale activated sludge anaerobic/anoxic/oxic process [J]. Chemical engineering journal, 2016, 289: 330-340.

[62] Winnipeg. Emission factors in kg CO_2-equivalent perunit[DB/OL]. 2012.

[63] XIANG X, JIA S. China's water-energy nexus: Assessment of water-related energy use[J]. Resources, conservation and recycling, 2019, 144: 32-38.

[64] YAN X, LI L, LIU J. Characteristics of greenhouse gas emission in three full-scale wastewater treatment processes [J]. Journal of environmental sciences (China), 2014, 26(2): 256-263.